散料搬运刚散耦合系统运动学与动力学

王学文　李　博　著

科学出版社

北　京

内 容 简 介

本书对散料搬运刚散耦合系统的运动学与动力学问题进行了研究，以重型刮板输送机为例，建立了主要零部件的刚体模型，并进行了静力学分析；采用离散元法建立了煤散料模型，同时构建了煤散料与刮板输送机的刚散耦合模型，重点探讨了重型刮板输送机刚散耦合系统的运动学及动力学问题，包括关键结构部件及煤散料的运动分析。对重型刮板输送机在复杂工况下的工作过程进行了仿真分析，研究了平稳运行工况下煤散料分布与运动状态，分析了链轮和链环以及整机的动力学特征，获取了中部槽应力变形特性与磨损规律。通过磨粒磨损试验，研究了刮板及煤散料对中板的磨损特性。对重型刮板输送机关键部件进行了结构优化，通过在中部槽中板表面设计凹坑形貌来提高中部槽的耐磨性，并对其耐磨机理进行了分析。

本书可作为普通高等院校科研人员、散料搬运系统设计人员、刮板输送机设计人员以及工程技术人员的参考用书。

图书在版编目(CIP)数据

散料搬运刚散耦合系统运动学与动力学 / 王学文, 李博著. —北京：科学出版社，2023.6

ISBN 978-7-03-074549-1

Ⅰ. ①散… Ⅱ. ①王… ②李… Ⅲ. ①散料-刮板输送机-耦合系统-动力学 Ⅳ. ①TH227

中国版本图书馆CIP数据核字(2022)第254692号

责任编辑：裴　育　陈　婕 / 责任校对：崔向琳
责任印制：吴兆东 / 封面设计：蓝正设计

科 学 出 版 社 出版
北京东黄城根北街 16 号
邮政编码：100717
http://www.sciencep.com
固安县铭成印刷有限公司印刷
科学出版社发行　各地新华书店经销
*
2023 年 6 月第　一　版　开本：B5(720×1000)
2024 年 1 月第二次印刷　印张：13 1/2
字数：269 000

定价：98.00 元
(如有印装质量问题，我社负责调换)

前　言

　　散料搬运系统广泛存在于工业生产中，煤散料的搬运是其中的典型。重型刮板输送机作为煤炭生产中重要的输送设备，其优良的性能、高可靠性和长寿命是综采工作面正常生产和取得良好技术经济效益的重要保证。然而，井下工况恶劣，导致井下试验难以开展，给重型刮板输送机的运行数据监测、结构优化、磨损预测等带来了巨大的困难。本书针对以上问题，采用多种仿真分析方法进行研究，主要研究内容及结论如下：

　　(1)建立主要零部件的刚体模型，利用 ANSYS 软件进行静力学分析，对整机建立刮板输送机-采煤机三维数字化模型，并利用 ADAMS 软件进行静力学分析。

　　(2)采用离散元法建立煤散料模型，设置煤颗粒与几何体之间的接触模型为 Hertz-Mindlin(no slip)模型，在涉及磨损问题时，选用 Hertz-Mindlin with Archard Wear 和 Relative Wear 模型；通过参阅相关资料，确定煤矸散料间的接触参数。

　　(3)对重型刮板输送机的主要运动件链轮和链环进行运动学分析。采用 EDEM 软件对重型刮板输送机在复杂工况下的工作过程进行仿真分析，得到不同工况下煤散料的运动特点。

　　(4)对重型刮板输送机的链轮和链环以及整机进行动力学仿真分析，利用 EDEM 软件与 ANSYS Workbench 耦合模型对中部槽进行应力与变形分析，获得受载中部槽的应力与变形特性。

　　(5)对重型刮板输送机中部槽的运动学与动力学磨损进行试验研究，介绍中部槽磨料磨损的主要因素，通过磨料磨损试验确定各因素对中板磨损的影响，通过响应面分析得到影响磨损的关键性因素。

　　(6)对重型刮板输送机关键部件进行结构优化，包括采用过渡圆弧设计来减小过渡槽转折点处的压力，从而减小磨损；通过设计合理的链轮链窝齿廓曲面并建立数学模型来优化链轮的结构；通过在中部槽表面布置仿生凹坑结构来提高表面的耐磨性能。

　　本书主要介绍作者在研究重型刮板输送机刚散耦合系统运动学和动力学方面的一些经验，总结作者在该领域中所取得的最新研究成果，期望为研究散料搬运刚散耦合系统运动学与动力学相关问题的学者以及研究生提供指导。本书由王学文和李博合著，其中王学文撰写第 1 章～第 4 章、第 8 章，李博撰写第 5 章～第 7 章。

　　本书的成果与出版得到了国家自然科学基金"复杂搬运条件下煤岩散料与搬运设备刚散耦合效应研究"（51875386）、"变因素下刮板输送机槽帮刮板摩擦副摩擦磨损特性及其仿生优化研究"（52204149）和"基于离散元法的变因素下刮板输送机耐磨仿生中部槽设计研究"（51804207）等项目的支持。夏蕊、麻豪洲、刘朝阳等对本书部分内容做出了研究贡献，向他们表示衷心的感谢。

　　由于作者的知识水平有限，书中难免有不妥之处，恳请读者批评指正。

目　　录

第1章 绪 论

1.1 研究背景

散料是指堆积在一起的大量未经包装的块状、粒状、粉状物料，是几何尺寸基本属于同一量级的颗粒的集合体，如各种煤炭、砂、谷物、矿石、水泥和糖块等。散料大多用专业的散料设备输送，常见的散料搬运设备有刮板输送机、带式输送机、堆取料机、装船机、卸船机、圆形料场堆取料机、轮斗挖掘机、斗式提升机、给料机、翻车机、转载机、排土机等，使用这些散料搬用设备可有效提高生产效率。散料搬运刚散耦合系统指的是散料与搬运散料的相关机械装置所构成的输运系统，对该系统的运动学及动力学进行研究有助于优化搬运设备结构，降低故障发生率，从而改善散料的搬运情况。本书以重型刮板输送机为例，对散料搬运刚散耦合系统的运动学与动力学问题进行研究。

随着我国现代化经济建设步伐的加快，煤炭资源的需求量也在不断增加。煤炭作为我国主体能源，截至2021年占能源消费总量的56%，是我国战略上最安全和最可靠的能源，在未来几十年仍旧是我国经济发展的重要支撑[1]。在煤炭生产中，综合机械化采煤工艺(综采)保证采煤整体流程安全、有序、高效地进行，是我国采煤技术稳定发展和响应可持续发展号召的重要体现，其整体的发展水平对我国煤炭行业健康发展和经济的不断发展起着关键作用。

重型刮板输送机作为综采工作面关键输送设备，能将采煤机开采下来的煤快捷高效地向前输送，是满足生产需求的重要保障。重型刮板输送机(图1-1)主要由机头部分(包括机头架、电动机、链轮组件、液力耦合器、减速器等)、中间部分(包

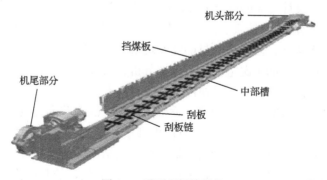

图 1-1　重型刮板输送机

括中部槽、刮板链组件等)、机尾部分和附属装置(包括紧链器、挡煤板、铲煤板及电缆槽等)组成,具有运载量大、结构强度高、占用空间小等诸多优点,可以在井下长壁工作面实现水平运输和倾斜运输,适应底板不平等需求,兼作采煤机运行轨道和液压支架前段支点,是煤矿井下输送物料不可替代的重要工具。

煤矿综采理论的发展,为重型刮板输送机的发展和应用提供了理论支撑。随着煤矿机械研究的深入和市场需求的提高,重型刮板输送机向着性能可靠、设备安全、操作智能化、标准规范化、结构大型化的方向不断发展[2,3]。重型刮板输送机的稳定机械性能和高效输运效率对煤矿整体安全生产和煤矿行业的发展起着重要作用。

刮板输送机的相关理论和技术不尽完善,与其应用的快速发展并不协调,导致刮板输送机本身累积了诸多问题,刮板输送机在使用过程中发生各种事故的比例相当大,严重威胁生产的进行和相关工作人员的自身安全。断链故障是刮板输送机输送过程中常见的故障,重载下链条在中部槽上往复循环,链条的过度磨损或其材料和强度不满足要求,都可能导致刮板输送机发生断链故障[4]。其他故障还包括刮板链跑出溜槽、刮板链跑链或掉链、机头机尾翻翘等。传动系统作为刮板输送机的核心系统,其正常与否将直接决定整机的使用寿命和运输性能。因此,需要对刮板输送机进行运动学和动力学研究,分析刮板输送机在一些特殊工况下的运动及受力情况。对刮板输送机在这些特殊工况下工作时各部分的受力情况及相应部件的应力和应变进行分析,可以对传动部件及其各部件在受力时的变化情况有一个全面的了解,可为刮板输送机整体的优化设计、关键零部件的结构优化提供相应的参考。

随着煤炭生产需求不断提升,高强度、大功率的重型刮板输送机得到了广泛应用。由于重型刮板输送机的工况条件复杂,为了满足高标准和高要求的实际工程需要,在设计过程中对其安全性和可靠性提出了更高的要求。刮板输送机工作环境恶劣,数据采集困难且具有较大风险,导致刮板输送机井下试验难以开展。借助计算机辅助设计(computer aided design,CAD),融合多种模拟仿真分析方法(有限元法、系统动力学仿真、离散元法等)进行仿真分析,能够较真实地反映刮板输送机的工作状态,使研究人员能够发现很多试验中无法观察到的运动与受力情况,并且可针对不同工况进行相应模拟分析,极大地降低研发成本,为刮板输送机的运动学和动力学研究提供便捷有效的解决方案。

因此,本书的研究目的在于建立重型刮板输送机刚散耦合系统,应用多种仿真分析方法对刮板输送机关键结构部件(中部槽、链条、刮板等)的运动学、动力学及散料运动状态进行分析,为刮板输送机提供结构优化策略,同时为不同矿井因地制宜的刮板输送机设计提供理论依据和方法,有效延长刮板输送机使用寿命,降低故障率。

1.2　重型刮板输送机运动学与动力学研究现状

1.2.1　重型刮板输送机运动学研究现状

重型刮板输送机工作过程中将采煤机开采下来的煤散料源源不断地向前输送，其运动状态十分复杂，因此国内外学者对刮板输送机的运动状态开展了多方面研究[5]。例如，郄彦辉等[6]在推溜和拉架工况下，对刮板输送机工作时的运动状态和中部槽结构进行了研究，基于不同工况下的极值和应力分布对中部槽结构进行了优化设计；Katterfeld 等[7]应用离散元法对斗式提升机和刮板输送机的装载及卸载过程进行了仿真模拟试验，并对结果进行了定性验证；杨茗予[8]应用 EDEM 软件对刮板输送机煤散料输运过程进行了模拟，分析了刮板输送机在工作过程中中部槽内部压力变大的原因，得出满载时中部槽所受压力大小约为所输送煤重量的两倍的结论。

分析研究重型刮板输送机输运过程中煤岩散料的运动对改进重型刮板输送机的结构、提高其耐磨性具有重要意义，但是在这方面的研究还较缺乏，而在其他散料输运领域却已有较多研究。Qiu 等[9]应用离散元法模拟了矿石物料在刮板输送机中部槽上的流动状态，研究了不同结构中部槽对物料流动特征的影响和不同煤岩颗粒对中部槽表面的影响，提出应用离散元法对物料输送进行模拟，该方法能很好地应用于中部槽的工程设计。Simsek 等[10]对振动输送机振动槽表面输送的颗粒层混合状态进行了试验研究，并应用离散元法对其进行了数值仿真，发现颗粒混合与输送机的垂直加速度成正比，与输送物料的质量流量成反比。Hastie 等[11]以罩勺式输送机为研究对象，分别通过连续介质法、离散元法研究了输送机输送物料的运动状态，并将结果与试验结果进行了比较，以判断连续介质法或离散元法能否准确测量溜槽流量。朴香兰等[12]根据离散元法理论，应用 EDEM 软件对水平转弯状态下物料和输送带间的相互作用机理进行了研究，发现带速和带的弯转程度对输送带外侧压力分布有显著的影响。马茂平等[13]应用离散元法模拟了掘进机刮板输送物料的过程，得到了刮板与物料接触时的动载荷变化情况，其结果可应用于冲击载荷下刮板的结构设计。Mei 等[14]通过离散元法模拟了不同中间支撑结构下垂直螺旋输送机的输送过程，对不同中间支撑结构的受力进行了研究，分析得出了不同中间支撑结构的优劣。

1.2.2　重型刮板输送机动力学研究现状

刮板输送机的工作过程涉及复杂的力学作用关系，诸多学者在其动力学方面进行了研究。徐广明等[15]为了保证刮板输送机正常工作，对刮板输送机链条张力进行了研究，提出了一种通过机头液压缸拉力和电机底座支撑力来计算链条运行张力的方法。毛君等[16]通过对重型刮板输送机动力学建模与仿真，研究分析了刮板输送机启动、卡链、多边形效应等诸多动力学问题，发现控制启动方式能显著降低刮板输送机的启动载荷、卡链位置对冲击载荷有显著的影响、多边形效应与链轮齿数等诸多因素有关，但多边形效应对重型刮板输送机影响可以忽略。陈新中等[17]认为刮板输送机的受力情况与采煤机直接相关，并通过有限元法对中部槽的受力情况进行了研究，发现中部槽容易失效的位置大多在相邻中部槽的连接处。谢苗等[18]基于刮板输送机动力学模型得到了不同工况下刮板输送机的动力学变化特性，认为输送机的冲击载荷与卡链位置有很大的关系，而断链的发生存在许多不确定因素，改善驱动电机的控制性能能在很大程度上可减小事故的发生概率，提高刮板输送机的安全性。Zhang 等[19]构建了刮板输送机链轮传动系统的动力学模型，并进行了动态仿真，导出分析了链轮和链条的动载荷，为轮齿廓优化和预测关键部件的疲劳寿命提供了理论基础。尹强[20]将虚拟样机技术应用于刮板输送机，并构建了链传动系统的动力学模型，如图 1-2 所示，并利用机械系统动力学自动分析 (automatic dynamic analysis of mechanical systems，ADAMS) 软件对刮板输送机进行了动力学仿真分析，为刮板输送机强度校核和结构设计提供了参考依据。

图 1-2　刮板输送机链传动系统刚-柔混合动力学模型

　　部分学者从圆环链的材质、形状、强度、振动和磨损等方面进行研究，分析这些因素对圆环链的实际作用情况。不同材质的链轮如图 1-3 所示，磨损后的链轮如图 1-4 所示。随后，部分学者又对圆环链的探伤和承受冲击性能进行了理论

(a) 铸钢链轮

(b) 灰铸铁链轮

图 1-3　不同材质的链轮

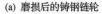
(a) 磨损后的铸钢链轮   (b) 磨损后的灰铸铁链轮

图 1-4 磨损后的链轮

分析和试验论证，采用多种运动学、动力学等软件对矿用高强度圆环链进行了动态仿真分析[21-23]。

龚晓燕等[24]通过 ANSYS 软件对卡链工况下圆环链的动力学变化过程进行了分析，从能量变化的角度出发，研究了卡链工况下圆环链能量的转化，基于不同的初始条件，对卡链状态下的受力进行了研究，为圆环链力学性能分析和结构优化设计提供了参考依据。杨兆建等[25]应用 DYTRAN 软件对链轮驱动下圆环链动力学系统进行了分析，通过观察应变和应力分布可以发现，链窝是链轮的易磨损部位，在啮合过程中，链轮和链环在接触时有相对滑动，会加快链轮的磨损。焦宏章等[26]针对链轮的磨损问题，对刮板输送机链轮传动系统进行了动力学分析，发现链轮承载不均匀、链环与链窝底平面存有间隙都会导致链轮更快磨损，为改进链轮结构和提高链轮寿命提供了理论依据。王淑平等[27]提出链轮的磨损与链轮、链环啮合的力学行为有直接关系，并搭建了如图 1-5 所示的试验台对刮板输

图 1-5 圆环链与驱动链轮磨损试验台

送机链轮磨损进行了研究，通过柔性三维扫描仪对比分析磨损前后表面形貌，发现啮合时链环与链轮的相对滑动对磨损量有直接影响。

在长期运行过程中，刮板输送机受到的煤、矸石及其自身结构间的摩擦作用导致磨损严重，随着单一采煤工作面产量和顺槽长度的不断增加，磨损加剧，典型中部槽磨损外观如图1-6所示。磨损失效已成为刮板输送机发生运行故障的主要原因之一，严重影响生产的顺利进行，因此需要深入分析磨损形成机理。

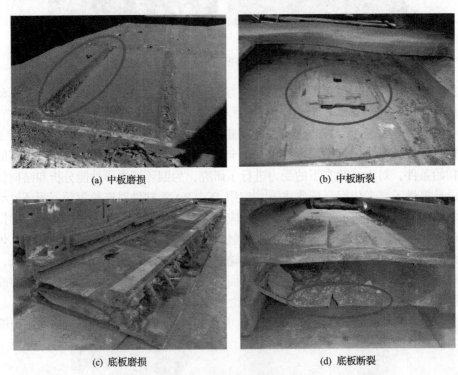

(a) 中板磨损　　　　　　　　　　　　　(b) 中板断裂

(c) 底板磨损　　　　　　　　　　　　　(d) 底板断裂

图 1-6　典型中部槽磨损

金毓州等[28]对中板的磨损形貌进行观察并应用MM-200磨损试验机进行了工况模拟试验，研究发现，中部槽的磨损机理主要是磨料磨损，间或有黏着磨损。邵荷生等[29]应用改装的M-200磨损试验机对矿山机械的磨损机制进行了研究，发现煤作为磨料在参与磨损时会发生一定的弹塑性变形，且煤与材料的磨损形式以犁沟-塑变-断裂为主，而煤对材料的微切削作用很小。张长军等[30]通过分析中部槽磨损时接触副状态来判断磨损机理和中部槽磨损失效的原因，发现三体形式的磨损对中部槽破坏程度更大，链道的磨损容易造成中部槽磨损失效，提高中部槽易磨损部位的硬度是提高零件寿命的关键。唐果宁等[31]通过扫描电子显微镜对中部槽的磨损表面进行观察，发现严酷条件下的磨料磨损主要在中部槽链道区域形成，表现为反复碾压的条状犁沟及类似切削的磨痕，而中部槽其他部位表现为轻微的磨料磨损。赵运才等[32,33]对刮板输送机的失效原因进行了分析，认为切削不是造成磨损的主要原因，链环和磨料对中板的反复作用更容易使中板表面形成裂纹，并使裂纹扩展造成剥落；然后从摩擦学系统角度出发，如图 1-7 所示，考虑参与磨损的各种元素条件，对四种磨损类型下的能量转化进行了深入分析，提出能量的转化形式和转化量与磨损类型和环境条件直接相关。张维果等[34]对中部槽等典型零件的磨损失效进行了分析，从磨料与材料接触时材料表面组织成分的变化和表面材料的去除过程进行判断，得出中部槽磨料磨损的主要形式是微观切削和塑性变形。吴兆宏等[35]对刮板输送机失效零部件进行观察分析，并结合具体调查数据得出关键部件的失效原因，提出了提高设备可靠性、延长关键零部件寿命行之有效的措施。Krawczyk 等[36]对中板材料 Hardox450 进行了研究，与高锰钢相比，Hardox450 在制造工艺、耐磨性能及刮板链的磨损寿命方面都表现出更好的综合性能。葛世荣等[37]针对中部槽的磨损问题，以中部槽的典型材质中锰钢为例进行了磨损试验，发现在不同冲击条件下，中锰钢的耐磨强化机理不同，热轧中锰钢具有优良的耐磨性，提出井下应用热轧中锰钢材质的中部槽可提高刮板输送机的使用寿命。梁绍伟等[38]通过 MFT-4000 多功能摩擦测试仪，以不同种类的煤为磨料，研究了刮板与中部槽的摩擦机理，研究发现，无烟煤为磨料时的磨损量最大，焦煤次之，褐煤最小。王志娜[39]研究分析了中部槽磨损部位，并结合多年实际工作经验，提出了中部槽 24 点磨损，其示意图如图 1-8 所示，主要指中部槽的两端距离 150mm 范围内(K 向表示 12 点区域)，其中 A 为中板，B 为底板，C 为槽帮，并针对中部槽磨损呈现 24 点区域规律，形成了一套对于不同

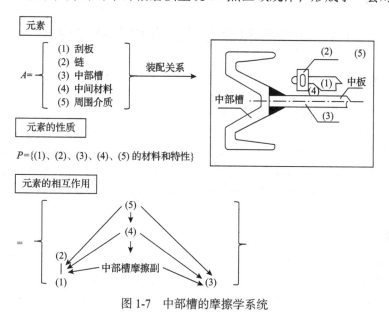

图 1-7　中部槽的摩擦学系统

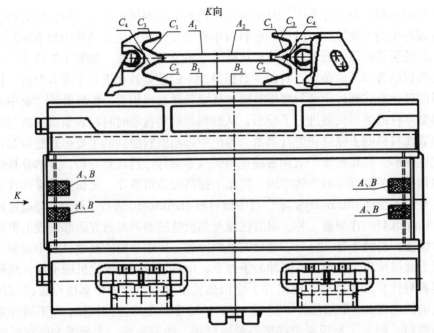

图 1-8　中部槽 24 点磨损位置示意图

工况采用不同解决方案的耐磨处理措施，并逐渐形成标准模式。本书将研究刮板输送机工作过程中的易磨损区域及磨损的影响因素，并分析不同时刻中部槽的应力及变形情况。

1.3　运动学和动力学仿真技术研究现状

1.3.1　有限元法仿真技术

有限元法采用的是一种基于数值近似和离散化思想求解问题的方法，随着计算机技术的不断发展，有限元法在涉及结构力学、流体力学等工程实际问题中发挥了重要作用，越来越多地受到企业研究人员和高校学者的重视。有限元法通过借助计算机高效求解，在优化产品性能、调整和改善设计方案、展现产品特性等方面发挥了巨大优势，并广泛应用于机械装备、国防军工、航空航天等诸多领域，对解决复杂工程实际问题做出了突出贡献。

有限元软件 ANSYS 作为比较成熟的商业化软件，在解决机械结构问题、热传导问题、计算流体力学问题及电磁场问题等方面具有一定的优势。Workbench 作为一个解决交叉学科问题的仿真平台，为复杂问题的协同仿真提供了便利，具有操作简便、图形适应力强、交互式操作等特点[40,41]。在刮板输送机研究方面，应用 ANSYS Workbench 软件可模拟相连圆环链之间的接触冲击碰撞、圆环链与链轮动态的啮合过程，并进行相应的动力学分析[42]。针对特殊工况，如圆环链启动制动、卡链等工况下进行瞬间动力学响应，对刮板输送机在这些特殊工况下的各部分受力、应力、应变情况进行分析，尤其是对传动部件各部件在受力时的变化情况进行全面了解，不但可以缩短产品的开发周期，还能节省试验经费、提高刮板输送机的工作效率以及企业的市场竞争力，为刮板输送机整体的优化设计、关键零部件的结构优化提供相应的参考[43]。

闵希春等[44]针对刮板输送机链轮的磨损问题，应用有限元法对链轮进行了应力分析，发现轮齿是链轮最容易失效的部位，因此有针对性地对轮齿结构进行了优化设计，改善了链轮的受力状况，进而提高了链轮的寿命。郭坤等[45]应用 ANSYS Workbench 软件对四种工况下刮板输送机圆环链接触应力和变形进行了分析对比，发现圆环链轴线倾角对接触应力具有影响，提出有限元法在解决圆环链接触问题时具有可行性，但存在一定的误差。于林[46]采用有限元法对刮板监测传感器关键部件的尺寸及位置进行了研究，确定了关键部件永磁体的尺寸和位置，经过验证满足传感器设计精度要求。黄应勇等[47]利用 ANSYS 软件对刮板输送机链轮磨损问题进行了研究，发现链轮啮合处的较大滑动是链轮磨损的主要原因，同时结合生产实践要求，给出了提高链轮寿命的改进措施。任中全等[48]借助 ANSYS 软件对刮板输送机齿轨的变形和断裂等失效问题进行了分析，发现有限元法在分析齿轨的应力变形等方面具有直观性，网格划分对减少有限元分析模型误差十分关键。刘成峰等[49]应用有限元法对液压支架双耳连接头的失效原因进行了研究，分析对比改进前后连接头的应力分布状态，得出平缓过渡界面的耳根部能减少应力集中的产生，连接头和刮板输送机耳子间间隙应适当加大，但不宜过大，能尽量避免出现蹩卡情况。丁飞等[50]利用有限元法对锻造环的机械性能进行了分析，发现满载启动和卡链的瞬间冲击不容易对锻造环造成损伤，而反复冲击下满载启动相较于卡链对锻造环的损伤更大。管长焦[51]在刮板输送机动力学模型的基础上获得了卡链状态下链环的最大受力，并运用 ANSYS 软件对当前尺寸链环的受力状态进行了仿真分析，确定了当前尺寸在卡链状态下有较好的抗冲击能力。纪少云[52]以某型号刮板输送机轨座为对象，根据实际受力情况，应用 ANSYS 软件进行静力分析，研究发现该轨座能达到使用要求，同时根据优化方案判断出该轨座可以进一步优化设计。曾庆良等[53]利用 ANSYS/LS-DYNA 软件实现了刮板输送机链传动系统的参数化建模，并在不同工况下进行了动力学分析，发现链环与两侧链窝相接触的位置是链轮的薄弱环节。张可等[54]采用有限元法对链环间的接触进行了深入研究，通过分析判断得出由交变载荷作用形成的磨损会导致圆环链磨损失效，且最容易发生断裂的位置为链环直臂和弯臂的连接处，为提高圆环链的寿命提供了理论依据。

1.3.2　系统动力学仿真技术

多体系统动力学主要研究多体系统的运动行为和内部复杂的力学作用关系，其对象不局限于纯刚体，其发展为机械设备复杂运动和受力问题的分析提供了便捷有效的手段。ADAMS 和 RecurDyn 都是系统动力学仿真软件中相对成熟的商业化软件。ADAMS 软件是美国 MSC 公司开发的机械系统动力学仿真分析软件，主要应用拉格朗日方程对实际问题进行求解，该软件在机械系统静力学、运动学和动力学问题的分析与处理中有一定的优势[55,56]。

在刮板输送机方面，很多学者应用系统动力学仿真技术进行了研究。刘广鹏等[57]利用 ADAMS 软件对不同工况下的链传动进行了动力学特性研究，发现刮板输送机启动瞬间对部件有强烈的冲击，圆环链拉力是正常情况下的两倍左右，而卡链和断链故障会对零部件造成较大的损伤。马国清等[58]借助 ADAMS 软件对刮板输送机链传动进行了仿真研究，发现将模型柔性化处理能增加仿真结果的准确性，使仿真更接近于真实工作状态。Curry 等[59]认为 EDEM 软件能准确模拟散体材料的复杂行为，提出将 ADAMS 和 EDEM 软件结合起来协同仿真，能真实模拟设备与散料作用时运动和载荷在整个机械系统中的传递。曹春雨等[60]应用 ADAMS 软件对刮板输送机单油缸伸缩机尾进行了仿真分析，根据仿真数据分析了单油缸伸缩机尾的受力情况，确定了伸缩油缸的合理工作行程。成凤凤等[61]应用 ADAMS 软件对采煤机牵引轮和刮板输送机销轨的接触过程在不同工况下进行了动力学仿真，得到了牵引轮受冲击较大的准确部位，分析总结了引起牵引轮和销排磨损的原因。张行等[62]运用 ADAMS 软件虚拟样机仿真技术，对中部槽沿综采面推移过程进行动态仿真，分析了中部槽的推移特性和哑铃销的受力，为中部槽及哑铃销的结构改进和优化提供了设计依据。常晨雨[63]借助 ADAMS 软件分别在正常工况和卡链、断链等异常工况下对刮板输送机链传动进行了仿真模拟，研究发现减小链速可以尽量避免突跳情况发生，卡链和断链会造成驱动力矩的剧烈变化，容易造成严重事故。毛君等[64]利用虚拟样机技术对简化的链轮传动系统的啮合过程进行了仿真研究，发现刮板输送机启动瞬间，驱动力矩会有大幅度的变化并对刮板输送机的结构造成一定的冲击，啮合过程中出现接触力极值的部位同理论分析相一致，证明了所构建的链轮传动系统动力学模型的正确性。谢苗等[65]构建了与毛君等[64]相同的模型，对卡链等典型工况下链轮传动过程中啮合部位不同类型的接触力规律及其极值进行了研究。

RecurDyn 是由韩国 FunctionBay 公司基于递归算法开发的新一代多体动力学仿真软件，采用相对坐标系运动方程理论和完全递归算法，适用于求解大规模复杂接触的多体系统动力学问题[66]。国内外许多学者将 RecurDyn 软件应用于链传动的动力学研究。

郭卫等[67]应用 RecurDyn 软件对圆环链传动系统复杂运动状态进行了研究，发现链传动的多边形效应增加了传动过程中的不平稳性，链环所处运行阶段不同，其动力学特性也有很大的不同。郝驰宇等[68]通过 RecurDyn 软件研究链传动过程中易发故障对系统的影响，发现链轮和链条的磨损都会造成在传动过程中产生较大的冲击载荷，与磨损形成恶性循环。陶东波等[69]应用 RecurDyn 软件对链传动的动载荷振动问题进行了研究，通过仿真模拟直观地展示出运动过程中链速的波动性，这对研究链传动系统整体的动力学效应、相关结构的强度分析和优化设计具有指导意义。

除了应用商业化软件进行系统动力学仿真研究外，诸多学者通过先直接构建机械系统动力学模型、后借助 MATLAB 软件等数值求解的方式进行研究。刮板输送机传动系统示意图如图 1-9 所示，简化的刮板输送机动力学模型如图 1-10 所示。

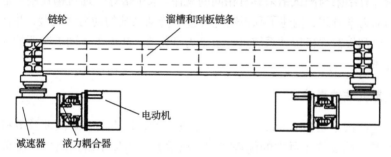

图 1-9　刮板输送机传动系统示意图

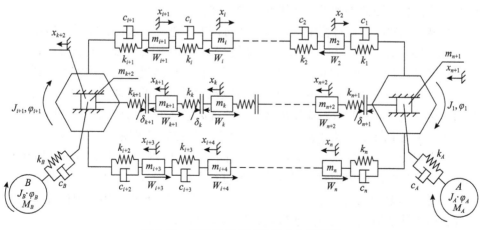

图 1-10　简化的刮板输送机动力学模型

c-阻尼系数；k-刚度系数；m-质量；x-位移；J-转动惯量；φ-转角；M-转矩；δ间隙；W-摩擦力

师建国等[70]为了研究带式输送机上散料间力的相互作用机制，构建了带式输送机动力学模型，并基于该模型在不同工况下进行了数值仿真，发现改善带式输送机的启动方式能有效减小动载荷。何柏岩等[71]利用 MATLAB/Simulink 软件对刮板输送机链传动系统动力学模型在不同工况下进行仿真，获得了不同工况下链条的动力学参数，其结果可用于链传动相关零部件的选择。张庚云等[72]针对刮板输送机存在的突出问题，建立了刮板输送机动力学仿真模型，并进行了相应的动力学分析，发现适当的充液流量能使转子惯性得到充分利用，链条阻尼对其速度下降程度起决定性作用。李国平等[73]利用 MATLAB 软件和汇编语言实现了刮板输送机动力学模型的构建，并在满载状态下进行了动力学仿真，用实例说明了计算机辅助参数化设计切实可行。张东升等[74]根据有载侧、空载侧链条受力特点以及物料分布特点，构造了刮板输送机动力学微分方程和形态函数，模拟仿真了刮板输送机在满载状态下直接启动、可控启动、自由停机、制动后再启动等工况下的动力学特性，并将结果与刮板输送机动态特性测试系统的测试结果进行了分析对比，发现理论计算结果与测试结果具有相同的规律。朱东岳等[75]通过构建刮板输送机不同部位的动力学方程，构建了刮板输送机整个传动系统的动力学模型，并在不同工作条件下对刮板输送机传动系统进行了动力学仿真，获得了不同工况下的动力学参数变化规律。

1.3.3　离散元法仿真技术

离散元法最早是由 Cundall 于 1971 年提出的，该方法在解决涉及散料的接触力学等问题方面发挥了巨大的优势[76,77]。离散元法可以求解出离散体复杂的运动学和力学行为信息，研究尺度在颗粒级，并且可以获得一些离散体不可测量或不易测量的信息，因此得到了一些研究者的关注。

在离散元法的发展过程中，众多学者对该方法进行了改进和发展。1978 年，Cundall 和 Strack 开发了针对可变形块体模型的应用程序，实现了岩石破碎过程的动态模拟[78]。1979 年，Cundall 和 Strack 对离散元模型进一步发展完善，提出了二维圆盘和三维圆球模型，并应用于涉及颗粒力学问题的具体实例中，取得了良好的效果，这引起了学者对应用离散元法处理离散体问题的重视[79,80]。1989 年，Thornton 在三维圆球模型的基础上进一步完善了颗粒的接触模型，并证明利用该模型能够模拟弹性-塑性、干-湿和颗粒两相流问题[81]。1998 年，Higashitani 和 Iimura 采用离散元法的改进模型对物料混合过程进行了仿真研究，并取得了良好效果，由此拓展了离散元法的应用领域[82,83]。我国学者于 1986 年开始对离散元法进行研究，由王泳嘉引入，虽然起步较晚，但是发展比较迅速[84]。

计算机硬件技术的发展对离散元法应用领域的拓展及离散元软件的快速发展提供了强有力的支撑，如在机械、交通、采矿等工程领域，离散元法为该领域研究提供了一种新方法，并逐渐应用于散料运输过程研究中。离散元法在工程上的应用如图 1-11 所示。

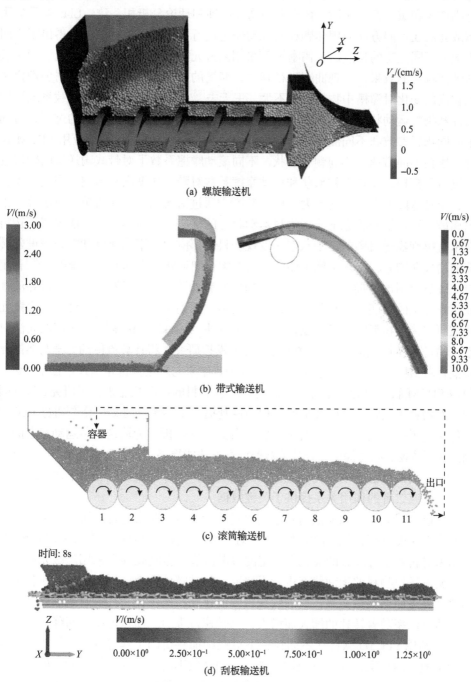

(a) 螺旋输送机

(b) 带式输送机

(c) 滚筒输送机

(d) 刮板输送机

图 1-11　离散元法在工程上的应用

Zuo 等[85]采用离散元法在不同速度和加速度下对货车制动时散料的运动状态进行了研究，发现散料作用在货车前壁的合成动力表现为随阻尼波动增大、平稳、急剧增大和减小四个阶段，该现象与物理原理和理论分析相一致。Lim 等[86]应用离散元法在不同方向对固体颗粒的气动输送进行了仿真研究，分析并得出了不同工况下不同流态的特点。宋伟刚等[87]采用离散元法研究分析了不同曲线溜槽中散料转运输送的效果，发现曲率半径越大，溜槽的工作效果越好，而物料剪切模量和粒度的变化对溜槽中物料影响不大。王天夫[88]将离散元法应用于转载系统结构设计和物料运动状态的仿真研究中，直观地再现了转载站输送散料的过程，得到了不同物料参数和不同溜槽结构对物料流动性的影响。朴香兰等[89]应用 EDEM 软件分别在不同带速、不同颗粒形状、不同滚动摩擦系数下对带式输送机的输送过程进行了模拟，发现颗粒形状和滚动摩擦系数对颗粒速度没有影响，带速越大，输送带转弯段所受压力就越大。程敬爱等[90]通过对比离散元法与单质点法等，指出离散元法在细观状态下分析物料运动状态的优势，并应用离散元法模拟了物料在垂直螺旋输送机中的运动状态，发现物料内部应力、平均速度和颗粒浓度随转速的增大而增大，实现了螺旋输送机内部物料细观状态下的研究。李帅等[91]利用 EDEM 软件对改进前后的导料溜槽中物料的流动性进行了研究，发现圆形导流槽能实现抑尘的功能，并将其结构应用于实际，起到了良好的效果，证明了离散元法在研究输送物料结构优化设计上具有可行性。Derakhshani 等[92]应用离散元法对带式输送机转运点的扬尘排放问题进行了模拟研究，将计算流体动力学与离散元相耦合对颗粒的流动特性进行了研究，发现其结果与理论分析相一致。王自韧等[93]利用 EDEM 软件对卸船系统中不同物理属性物料的运动状态进行了研究，为不同种类的物料出入转运站以及最后堆积的控制提供了参考。周文君等[94]通过 EDEM 软件实现了带式输送机各个时刻物料分布的定量分析，为输送物料运动状态的预测提供了依据，同时提出结合其他数值计算方法能提高离散元法求解精度。陈洪亮等[95]通过离散元法获取了托辊辊子上的正压力，为计算输送带与辊子之间的压陷阻力、研究二者的作用关系提供了关键数据。

蒋权等[96]采用离散元法对转运站物料复杂的运动状态进行了研究，发现最初始的物料速度最高，转载角度对物料流动形态和碰撞落料管的强度有一定的影响，其结果对转载系统配置的优化有一定的参考价值。翟晓晨等[97]采用离散元法对垂直螺旋输送机物料的运动状态进行了研究，发现螺旋转速的增加会导致颗粒浓度的增大，进而增大填充率，增加输送机中低速颗粒的占比，在一定范围内，颗粒最大质量流率随着转速的增大而增大，当转速过大时，质量流率反而降低。张西良等[98]利用 PFC3D 软件在不同粒径下对螺旋加料机的工作过程进行了模拟，并进行了相应的真实试验，发现粒径越小，加料效率越高，同时加料的准确性也越高。范召等[99]采用离散元法在不同工作条件下对水平螺旋输送机的输送过程进行了模拟，研究发现质量流率随着叶片转速的增大而增大，当转速过大时，质量流率反而有所下降，质量流率和填充率基本呈线性关系，其仿真结果与理论分析基本相同。赵占一等[100]应用离散元法对螺旋输送机工作时内部物料不同类型的速度进行了研究，分别获得了各种类型极限速度的分布位置及规律。刘伟立等[101]采用离散元法对螺旋输送机内物料的动态特性和能量特性进行了研究，发现平均质量流率随着转速的增大而增大，随着输送机倾角的增大而减小，功耗随着输送机转速和倾角的增大而增大。吴超等[102]采用离散元法研究了不同工况条件和不同结构对螺旋输送机物料输送状态和功耗的影响，研究发现螺旋转速和填充率对功耗和输送量的影响最大，并给出了螺旋输送机达到最佳使用性能时的螺旋转速和填充率的参考值。

国内外学者大多从散料的运动状态出发，采用离散元法实现散料与机械设备相互作用的模拟与再现，并将结果与真实机械设备工作情况下的结果相互印证，进而判断利用离散元法研究散料输送是否可行，在宏细观状态下对散料的运动学和动力学特性进行分析，获得散料的运动形式与规律、散料与机械结构的力学作用关系，为散料输送设备的优化改良提供参考。本书将应用离散元法进行煤散料的运动学分析以及刮板输送机磨损区域预测。

1.4　刮板输送机结构优化研究现状

1.4.1　刮板输送机结构部件强度优化研究现状

刮板输送机在使用过程中，存在很多缺点和局限性，如空载阻力大、输运效率低、启动难、动态负荷大等。同时，由于运行工况恶劣，很多关键结构部件在使用过程中发生了弯曲或者断裂故障，有学者提出了各种方法对其结构进行优化。王琳[103]建立了刮板输送机优化设计的数学模型，结合井下综采工作面的要求，对输送机中部槽结构和工作时的链速进行了优化，发现采用优化方案中的参数能保证输送量达到生产要求，并提高输送机的输送能力。穆润青等[104]对刮板输送机中部槽拉耳进行了改进，并对其进行了有限元分析，发现改进后的拉耳应力分布趋于均匀，应力极值下降，对提高拉耳寿命有重要意义。李惟慷等[105]为了减小刮板输送机的运行阻力，通过数值计算对刮板排布间距进行重新设计，结合实例进行分析，发现无论是承载侧还是回空侧，间距趋于 1m 时，输送机的运行阻力均最小。

孙艳[106]对参数化设计的各个方面进行了详细介绍，以圆环链链轮的参数化设计为例，对其设计流程进行了简单说明和直观展示。夏蓉花[107]对刮板输送机跳链问题进行了分析，并对其传动装置进行了优化设计，基本解决了花键轴挠性变形引起的跳链问题。薄兴驰等[108]针对刮板输送机哑铃销断裂问题，对改进的哑铃销进行了加载试验，通过分析加载试验后哑铃销的组织和拉力-变形试验数据，发现改进后的哑铃销在韧性和强度上都有提高。高爱红[109]结合刮板输送机的实际工况，对链轮传动中的受力情况进行了数学计算，获得了链轮传动系统工作过程中关键受力的变化情况，对研究传动过程中的冲击和磨损有重要意义。刘保东[110]通过有限元分析找到刮板的设计缺陷和薄弱区域，并进行了优化。于聚旺[111]利用多种群遗传算法优化刮板输送机弯曲段溜槽数，使弯曲段相邻溜槽间转角由之前的1°改为40′，优化后的刮板输送机在不改变溜槽宽度的前提下提高了运输能力。闵令江等[112]针对过渡槽寿命短于侧卸式刮板输送机整体寿命这一问题，提出研究过渡槽特性及结构配合关系，分析设计其合理参数，进一步提高了输送机整体使用寿命。本书将对过渡槽、链轮以及链环等易损关键零部件进行结构优化设计。

1.4.2　刮板输送机耐磨优化研究现状

经济性和高效益是煤矿开采一个重要的着眼点，刮板输送机中部槽的磨损问题会直接或间接地造成矿井严重的经济损失，因此诸多学者对其高度重视，为了避免中部槽的磨损失效，延长其使用寿命，国内外研究人员在中部槽表面的耐磨处理、改进中板材料、中部槽结构优化等多方面进行了探究[113,114]。一些发达国家采用耐磨性好的合金钢制造中部槽，并加宽加厚中板，但高合金中部槽的价格高昂，会使成本大幅上升，而我国对设备的投资有限，因此该方法并不适用。现阶段的中板普遍采用耐磨钢板 NM360 和 NM400，这使中部槽的耐磨性能有了一定的提升，但对于煤质差、有夹矸的情况，中部槽的耐磨性无法达到预期。在此情况下，一些生产厂家采用进口的耐磨钢板 Hardox400、Hardox450 及 JFE-EH400等作为中板，其耐磨性能得到提升，但是成本相对较高[115]。杨泽生等[116]应用改进的 M-200 摩擦磨损试验机、以煤泥为磨料对中部槽的摩擦特性进行了试验研究，发现超高分子量聚乙烯相比于传统刮板材料，与中板对磨时在机械性能和化学性能方面具有一定的优势，其研究对改进中部槽摩擦副性能有一定的参考价值；王新[117]对 GM 高强度耐磨钢板的化学成分进行了分析，并对其力学性能和焊接性能进行了测试，通过具体实例应用发现其综合力学性能良好，同时兼具高耐磨性。乔燕芳等[118]利用 MMU-10G 高温端面摩擦磨损试验机对四种中板材料的耐磨性进行了研究，研究发现国产新研发的耐磨中板干摩擦性能最好，但是不耐腐蚀。

现阶段提高中部槽接触面强度的方法有两种。一种方法是在中部槽的中板和底板端头链道处堆焊耐磨合金粉块，堆焊后的中部槽如图 1-12 所示。应鹏展等[119]通过现场磨损试验对不同种耐磨焊条进行对比研究，发现新研制焊条相较于传统焊条堆焊层的耐磨性增加，能在很大程度上延长中板的使用寿命。李创基等[120]利用新型耐磨焊条对中部槽表面进行断续式菱形焊道堆焊，并将其应用于实际矿井下，发现经耐磨堆焊的中部槽机械稳定性得到加强，耐磨性和使用寿命均得到提高。但这种方法会造成刮板不均匀的快速磨损，且堆焊技术的工艺难点在于堆焊表面宽度大，成型不美观，在具体实施过程中热变形大且较难控制，焊工的水平对中部槽装配尺寸有很大的影响。另外一种方法是将等离子技术或者激光熔覆技术应用于被磨损表面，在其表面形成一层特殊的保护涂层[121]，激光熔覆后的中部槽如图 1-13 所示。潘兴东等[122]采用激光熔覆技术，将合金粉末以网格状熔覆在材质为 16Mn 和 NM360 中板表面上，熔覆层厚度为 1.5mm，经过摩擦磨损试验对比，发现粉末激光熔覆层可显著提高基体材料的耐磨性。

图 1-12　堆焊后的中部槽

图 1-13　激光熔覆后的中部槽

生物体表面非光滑形态是在遗传、环境等多种因素共同作用下形成的，其仿生研究作为仿生学科的重要组成，对其他学科的发展起到重要的启发和推动作用。

随着仿生研究的不断深入，人们发现，生物体非光滑表面是生物体适应环境所具有的并且在不断强化的能力之一，是经过亿万年时间考验，并且与多种因素耦合作用的结果。典型的生物体非光滑耐磨表面形貌如图 1-14 和图 1-15 所示。生物体非光滑表面对生物个体本身有保护作用，而且对整体物种延续也有重要意义，其独特表面形貌是一种最佳的耐磨形态，诸多仿生学领域的学者对其形貌与环境的作用机理进行了研究，主要集中在非光滑表面的减阻、脱附、耐磨等方面[123-126]。

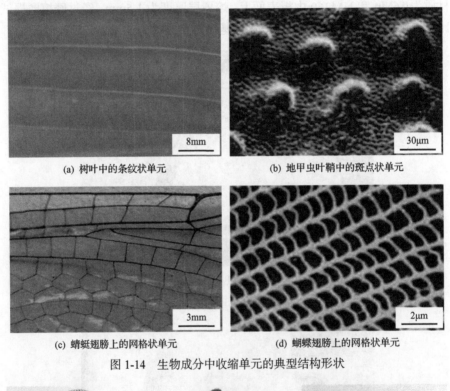

(a) 树叶中的条纹状单元　　　　　　　(b) 地甲虫叶鞘中的斑点状单元

(c) 蜻蜓翅膀上的网格状单元　　　　　　(d) 蝴蝶翅膀上的网格状单元

图 1-14　生物成分中收缩单元的典型结构形状

(a) 毛蚶　　　　　　　(b) 脉红螺　　　　　　(c) 红条毛肤石鳖

图 1-15　生物模本

目前，在机械工程应用的各个领域，仿生非光滑耐磨理论被大量推广及应用，如从汽车发动机内部活塞表面到农业机械推土板、从齿轮齿面到轴承表面等[127-129]。仿生耐磨产品如图 1-16 所示。

(a) 仿生推土板

(b) 仿生活塞裙

(c) 仿生轧辊

(d) 仿生制动盘

(e) 仿生钻头1

(f) 仿生钻头2

(g) 仿生钻头3

图 1-16　仿生耐磨产品

钱志辉等[130]设计了不同凹坑尺寸和排布的仿生非光滑试样,将它与光滑试样一同进行耐磨性试验,并进行了有限元分析,发现凹坑的存在降低了试样的刚度,减小了接触表面的应力极值,增加了试样的耐磨性。孙睿珩等[131]利用 ANSYS 软件研究了活塞-套缸表面凹坑结构对其热效应的影响,发现带凹坑的活塞表面温度分布较为均匀且没有明显的规律,虽然表面最高温度高于光滑活塞表面,但整体来看降低了高温黏着产生的可能性,提高了活塞表面的耐磨性能。孙友宏等[132]将耦合仿生钻头与普通钻头进行破岩试验,对比各种钻头的破岩效果,发现耦合仿生钻头的机械性能更好、效率更高,仿生钻头在工作过程中改变了它与接触岩石的受力情况,从而提高了钻头整体的耐磨性。董立春等[133]利用 ANSYS 软件研究了凹坑对环块接触受力的影响，发现凹坑的尺寸与排布会影响接触应力的极值与分布，凹坑的存在使接触应力极值高于光滑环块，改善了环块整体的受力环境，使整体应力分布趋于均匀。周照领等[134]采用有限元法研究了凹坑尺寸对非光滑表面耐磨性的影响，发现了耐磨性随凹坑直径和深度的变化规律，得到了最优耐磨性下的凹坑尺寸。吴波等[135]采用有限元法对标准活塞和仿生活塞的耐磨性进行了研究，发现最优的仿生形貌为条纹型，得到了条纹深宽和间距对活塞耐磨性的影响机理和影响规律，通过真实试验验证了仿生活塞具有良好的耐磨性。李慕勤等[136]设计了 Fe-Cr-C-$(B_4C)_x$ 系金属粉芯焊丝，通过 B_4C 添加量的变化调控堆焊层微观组织结构向蜣螂体表的表面微结构变化，研究发现，得到的微观组织结构达到了蜣螂体表的微结构形态仿生效果，并且使堆焊层耐磨性高于 65Mn 钢的 3～4 倍。本书借鉴生物耐磨表面，通过在中板表面加工耐磨仿生结构的方法提高中部槽的耐磨性。

1.5 本书主要研究内容

本书以重型刮板输送机刚散耦合系统为研究对象，构建煤散料与刮板输送机的刚散耦合模型，对该耦合系统进行运动学及动力学研究，同时进行中部槽磨损试验，在此基础上对该重型刮板输送机的关键结构进行优化设计。基于上述思路，本书研究内容主要包括以下五个方面。

(1)重型刮板输送机刚散耦合系统模型构建。

采用 UG(Unigraphics)软件建立重型刮板输送机刚散耦合系统中各结构三维实体模型，并采用 ANSYS 软件对其进行静力学分析。采用 EDEM 软件构建煤散料模型以及煤散料与中部槽的接触模型。

(2)重型刮板输送机刚散耦合系统的运动学研究。

研究煤散料在不同工况下的整体输运状态，在中部槽内的分布、运动状态随时间和位置的变化情况，以及刮板输送机输运效率与质量流率的影响因素。

(3)重型刮板输送机刚散耦合系统的动力学研究。

重型刮板输送机输运过程中，对煤散料对中部槽的作用力及相应变形特性进行分析，并对主要运动件进行动力学研究，同时对中部槽易磨损部位进行研究。

(4)重型刮板输送机中部槽运动学与动力学磨损试验研究。

通过磨料磨损试验确定影响中部槽磨损的主要因素及其影响程度，建立显著性参数与磨损量之间的回归模型，应用响应面法得到影响因素排序。

(5)重型刮板输送机的结构优化策略。

基于刮板输送机的运动学和动力学研究内容与成果，实现重型刮板输送机关键零部件的结构优化，结合仿生理论，着重对中部槽进行仿生耐磨优化设计。

1.6 研究方法与技术路线

本书的技术路线如图 1-17 所示。

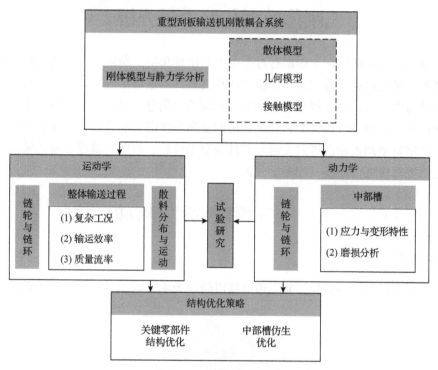

图 1-17 本书技术路线

对于重型刮板输送机刚散耦合系统模型构建部分，采用三维建模方法、有限元法建立刚体模型，采用离散元法建立煤散料模型；对于运动学分析部分，采用离散元法、单因素分析法对煤岩散料在不同工况下的运动情况进行分析；对于动力学部分，采用动力学分析法、离散元法、有限元法及理论分析法进行研究；对于试验研究部分，采用响应面法、试验设计方法对试验结果进行分析；对于结构优化策略部分，采用离散元法、有限元法、正交试验设计方法、仿生学理论进行研究。

第2章　重型刮板输送机刚散耦合系统刚体模型与静力学分析

重型刮板输送机在工作运行过程中容易出现爬链、断链、中部槽磨损、过渡槽磨损、哑铃销断裂等故障，需要利用相关软件对重型刮板输送机的结构进行详细的静力学分析，以获得尽可能真实的结构受力信息，从而在后续研究中对可能出现的各种问题进行相关的预处理，进而提高后续研究的合理性。在静力学分析中，选定重型刮板输送机的关键零部件为驱动链轮、链条、溜槽、哑铃销等，并对关键零部件进行建模及静力学分析。

2.1　链轮模型与静力学分析

2.1.1　链轮三维模型

作为进口零件的链轮，其三维建模以测绘为主。图 2-1 为链轮三维模型。

图 2-1　链轮三维模型

2.1.2　链轮有限元分析模型

链轮作为主要部件，其力学特性在一定程度上影响整个刮板输送机的使用寿命。另外，在对链轮的结构进行静力学分析时，必须考虑链条的影响，本节主要研究链轮与链条在静态力作用下链轮的应力与应变。

考虑链轮的结构，为了减少计算运行时间，本节分析中采用 1/4 链轮作为分析对象，链条只用一个平环和两半截立环进行分析，在单元格的划分中使用最常用的 Solid185 单元格，在材料的选择上，使用各向同性的钢材料，将其泊松比设置为 0.29，弹性模量设定为 2.06×10^{11}Pa。链轮有限元模型如图 2-2 所示。

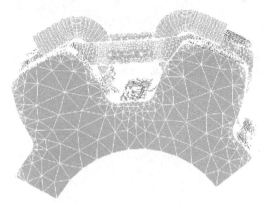

图 2-2　链轮有限元模型

2.1.3　链轮结构静力学分析

在链轮结构接触分析中，平环与链轮的四个齿廓曲面及两个立环有接触，共 6 个接触对，且在立环的截面上增加 2000kN 的拉力作为模拟分析的受力。在 ANSYS 前处理中将参数和载荷条件定义完毕之后进行运算，运算结束后在后处理模块中查看结果。图 2-3～图 2-5 为链轮在各个方向的应力云图。

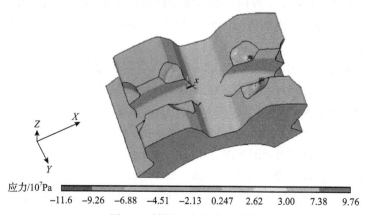

应力/10^7Pa

−11.6　−9.26　−6.88　−4.51　−2.13　0.247　2.62　3.00　7.38　9.76

图 2-3　链轮 X 方向应力云图

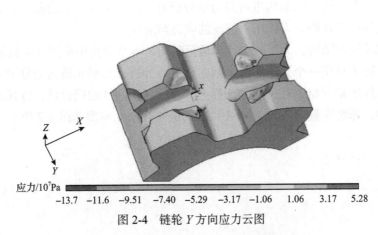

应力/10^7Pa

　−13.7　−11.6　−9.51　−7.40　−5.29　−3.17　−1.06　1.06　3.17　5.28

图 2-4　链轮 Y 方向应力云图

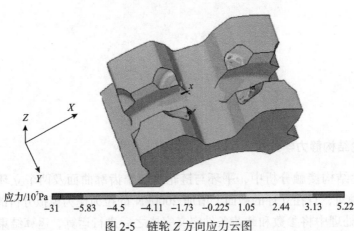

应力/10^7Pa

−31　−5.83　−4.5　−4.11　−1.73　−0.225　1.05　2.44　3.13　5.22

图 2-5　链轮 Z 方向应力云图

由图 2-3 可以看出，X 方向一侧齿廓上的压应力非常小，同时另一侧齿廓根部存在拉应力。为了将齿廓进行区分，将受力小的齿廓称为非受力齿廓，另一侧齿廓称为受力齿廓。

由图 2-4 可以看出，在受力齿廓一侧的齿根存在弯曲应力，且该应力明显大于非受力齿廓侧的齿根处的应力。在 X 方向压应力最大的点（受力面齿廓根部），Y 方向的压应力也达到最大。

由图 2-5 可以看出，在链轮开档根部存在拉应力。

三个平面内的剪应力云图如图 2-6～图 2-8 所示，由云图分布可以看出，剪应力最大的位置也在靠近受力面齿廓根部，与 X 方向和 Y 方向压应力最大的位置相同，XOY 平面内的剪应力在齿根处比较明显。以上是定性地分析链轮各个方向的应力，判断链轮的变形趋势。

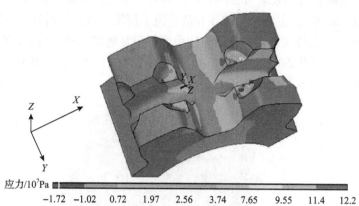

图 2-6　链轮 XOY 平面内的剪应力云图

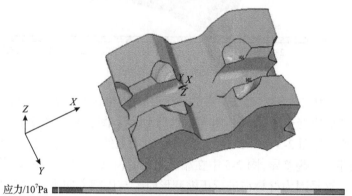

图 2-7　链轮 YOZ 平面内的剪应力云图

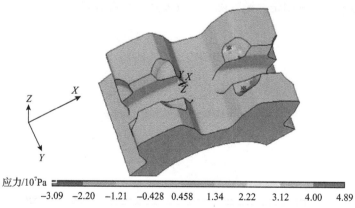

图 2-8　链轮 XOZ 平面内的剪应力云图

图 2-9 为链轮的等效应力云图。由图可知，受力面齿廓的根部处于应力最大处，其值为 256MPa，主要是受链环和链轮齿廓挤压所致，同时这个位置也是 X、Y、Z 三个方向应力最大的点，是链轮疲劳磨损最显著的位置。另外，在非受力面齿廓上也存在比较明显的应力，齿廓根部最大应力在 85.9～115MPa，其齿廓根部弯曲应力在 57.3～85.9MPa。

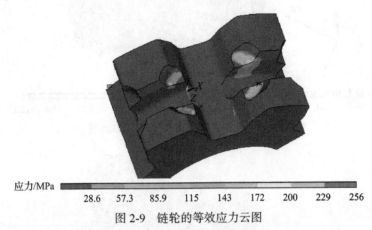

应力/MPa

| 28.6 | 57.3 | 85.9 | 115 | 143 | 172 | 200 | 229 | 256 |

图 2-9　链轮的等效应力云图

在后处理模块中显示各个方向的应变云图，链轮在各个方向的应变云图以及各个平面内的剪应变云图如图 2-10～图 2-15 所示。图 2-10～图 2-12 所示的各个方向上的应变，与图 2-3～图 2-5 所示的各个方向上的应力依次对应，但是一一对照之后发现存在一些差异，图 2-5 中在靠近紧边的齿廓根部应力不大，但是图 2-12 中比较明显，这是因为材料在进行压缩变形时，与压缩方向垂直的平面内会有附加的伸展变形，材料的泊松比就是伸展变形与压缩变形的比值。齿廓上的压应力主要分布在 X 和 Y 两个方向上，但是 Z 方向也存在变形。造成应力云图和应变云图有差异的另一个原因是，链轮除了弹性变形，还存在塑性变形。

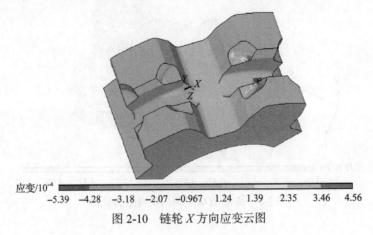

应变/10⁻⁴

| -5.39 | -4.28 | -3.18 | -2.07 | -0.967 | 1.24 | 1.39 | 2.35 | 3.46 | 4.56 |

图 2-10　链轮 X 方向应变云图

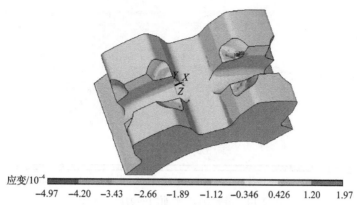

应变/10⁻⁴

−4.97　−4.20　−3.43　−2.66　−1.89　−1.12　−0.346　0.426　1.20　1.97

图 2-11　链轮 Y 方向应变云图

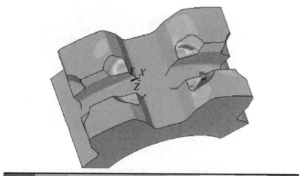

应变/10⁻⁴

−1.91　−1.52　−1.13　−0.743　−0.354　−0.348　0.424　0.812　1.20　1.59

图 2-12　链轮 Z 方向应变云图

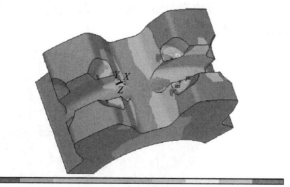

应变/10⁻³

−0.465　−0.228　0.00923　0.247　0.484　0.721　0.959　1.196　1.433　1.67

图 2-13　链轮 XOY 平面内的剪应变云图

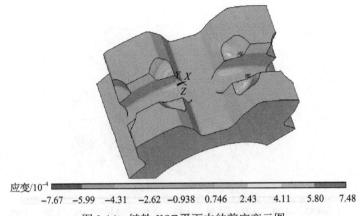

应变/10⁻⁴
-7.67　-5.99　-4.31　-2.62　-0.938　0.746　2.43　4.11　5.80　7.48

图 2-14　链轮 *YOZ* 平面内的剪应变云图

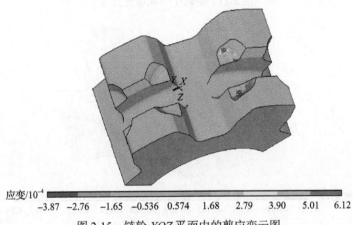

应变/10⁻⁴
-3.87　-2.76　-1.65　-0.536　0.574　1.68　2.79　3.90　5.01　6.12

图 2-15　链轮 *XOZ* 平面内的剪应变云图

图 2-16 为链轮的等效应变云图。由图可知，链轮上最大应变处与最大应力处相同，其值为 0.001314。

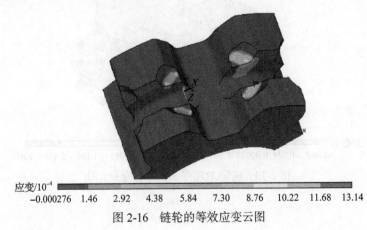

应变/10⁻⁴
-0.000276　1.46　2.92　4.38　5.84　7.30　8.76　10.22　11.68　13.14

图 2-16　链轮的等效应变云图

2.2　链环模型与静力学分析

2.2.1　链环三维模型

链环是国外进口零件，三维模型是根据链轮国家标准而建立的。因国家标准对链条的规定只限于 ϕ42mm×152mm 以下，而现有重型刮板输送机使用的链条为 ϕ48mm×152mm，已经超出国标规定范围。同时，链条的立环是锻造环，由于缺乏具体数据，在建模中默认立环与平环结构一致，图 2-17 为链环几何模型。

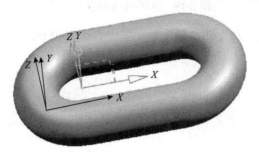

图 2-17　链环几何模型

2.2.2　链环结构静力学分析

本节以平环为研究对象，主要分析平环与链轮接触时的受力状态。图 2-18～图 2-21 为链环在各个方向的应力云图以及各个平面内的剪应力云图。

由图 2-18 可以看出，平环在靠近链轮受力面时与立环接触区域的压应力，比平环在靠近非受力面时与立环接触区域的压应力大。

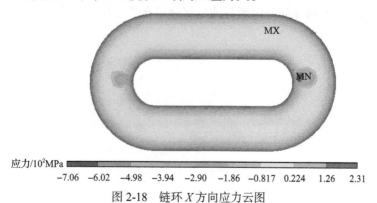

应力/10²MPa

-7.06　-6.02　-4.98　-3.94　-2.90　-1.86　-0.817　0.224　1.26　2.31

图 2-18　链环 X 方向应力云图

由图 2-19 可以看出，除了存在接触压应力与图 2-18 有相同的规律，在圆环与圆柱的交界处还存在拉应力，最大值为 231MPa，且应力范围更大。

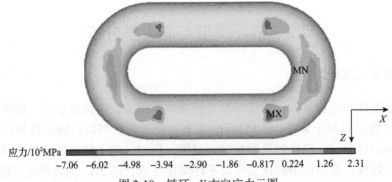

应力/10²MPa

-7.06 -6.02 -4.98 -3.94 -2.90 -1.86 -0.817 0.224 1.26 2.31

图 2-19 链环 −Y 方向应力云图

由图 2-20 可知，与立环接触点最大压应力达 706MPa。

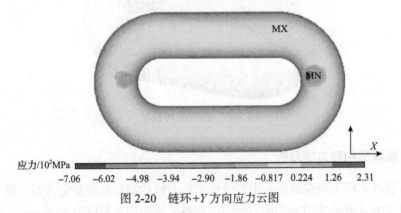

应力/10²MPa

-7.06 -6.02 -4.98 -3.94 -2.90 -1.86 -0.817 0.224 1.26 2.31

图 2-20 链环 +Y 方向应力云图

图 2-21 给出了链环在 Z 方向上的应力，它主要分布在圆环部分的外侧，最大值为 595MPa。链环最薄弱的位置是与靠近紧边立环的接触区域，除此之外，应力比较大的地方还有圆环部分内侧与圆柱部分相交的位置，以及圆环部分外侧的中间位置。

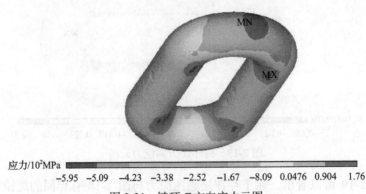

应力/10²MPa

-5.95 -5.09 -4.23 -3.38 -2.52 -1.67 -8.09 0.0476 0.904 1.76

图 2-21 链环 Z 方向应力云图

链环的等效应力云图如图 2-22 所示，其最大应力出现在平环与靠近紧边的立环相接触的区域，最大值为 627MPa。

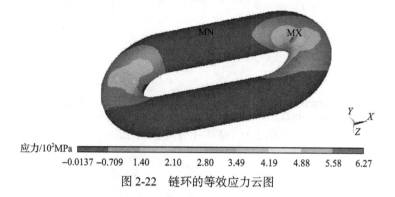

图 2-22　链环的等效应力云图

图 2-23～图 2-26 为链环在各个方向的应变云图。图 2-23 与图 2-18 进行比较发现，除了与两个立环接触区域的压应力和压应变都比较大之外，圆环与圆柱相连接的位置也存在明显的 X 方向应变，而此位置 X 方向的应力不明显。其余三个图（图 2-24～图 2-26）都能与应力图（图 2-19～图 2-21）对应。产生这种现象的主要原因是泊松比，尤其在变截面的物体上，这种现象更加突出。

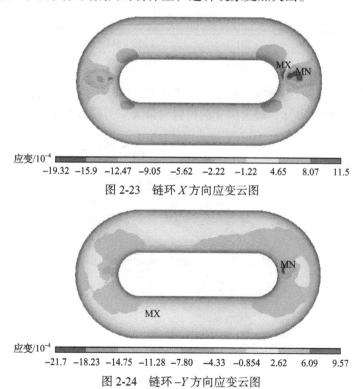

图 2-23　链环 X 方向应变云图

图 2-24　链环 $-Y$ 方向应变云图

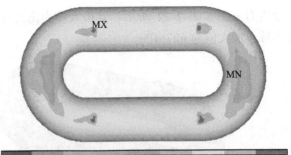

应变/10⁻⁴

−21.7　−18.23　−14.75　−11.28　−7.80　−4.33　−0.854　2.62　6.09　9.57

图 2-25　链环+Y方向应变云图

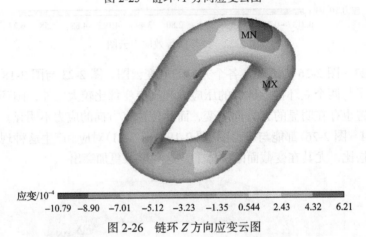

应变/10⁻⁴

−10.79　−8.90　−7.01　−5.12　−3.23　−1.35　0.544　2.43　4.32　6.21

图 2-26　链环 Z 方向应变云图

图 2-27 为链环的等效应变云图。由图可知，链环上应变最大值为 0.003512，与图 2-22 进行比较可知，最大应变的位置与最大应力的位置重合。

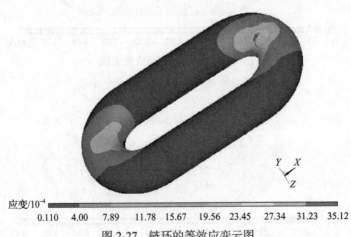

应变/10⁻⁴

0.110　4.00　7.89　11.78　15.67　19.56　23.45　27.34　31.23　35.12

图 2-27　链环的等效应变云图

2.3　哑铃销模型与静力学分析

2.3.1　哑铃销三维模型

　　哑铃销作为溜槽连接的关键零件，其在工作过程中会传递拉力。图 2-28 为哑铃销几何模型。

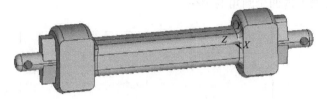

图 2-28　哑铃销几何模型

2.3.2　哑铃销有限元分析模型

　　作为刮板输送机中部槽之间的连接，哑铃销在中部槽移动以及拉液压支架的过程中容易出现断裂。哑铃销与中部槽的 U 形槽有限元模型如图 2-29 所示。本节主要分析在正常的工作过程中，哑铃销的应力应变状态。

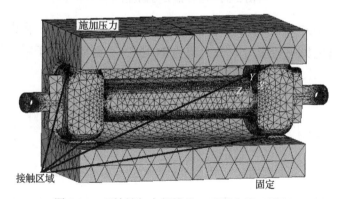

图 2-29　哑铃销与中部槽的 U 形槽有限元模型

2.3.3　哑铃销结构静力学分析

　　在左边的 U 形槽上平面施加 900kN 的压力，并将该平面上所有节点的 X 方向和 Z 方向固定，右边的 U 形槽下平面固定。此载荷情况表示质量为 180000kg 的采煤机刚好压在一节地面状况松软的中部槽上，其中采煤机 1/2 的重力由该节中部槽的一个角支撑(不会出现采煤机全部重力作用在一节中部槽上的情况，因为采煤机前后滑靴的跨度比一节中部槽的长度要长）。哑铃销与两 U 形槽为小平面接触。

后处理中读取分析结果如图 2-30～图 2-32 所示。图 2-30 为哑铃销水平方向（Z 方向）的应力云图，Z 向应力关于哑铃销的中心对称，哑铃销手柄与哑铃球交界处圆角的应力最大，左下和右上两个圆角存在的拉应力最大值为 227MPa，左上和右下两个圆角存在的压应力最大值为 448MPa。为了减小最大拉应力和最大压应力，需要增大这四个圆角的半径。

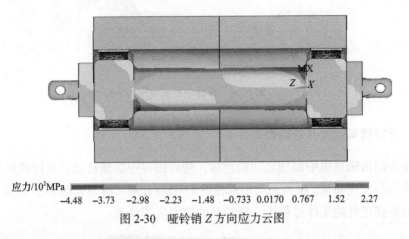

应力/10²MPa

　　　　−4.48　　−3.73　　−2.98　　−2.23　　−1.48　　−0.733　0.0170　0.767　　1.52　　2.27

图 2-30　哑铃销 Z 方向应力云图

哑铃销在 XOZ 平面内的剪应力云图分布如图 2-31 所示。由图可知，在四个圆角位置出现集中剪应力，最大值为 104MPa。剪应力关于哑铃销的中心轴对称。

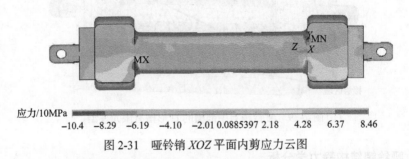

应力/10MPa

　　　　−10.4　　−8.29　　−6.19　　−4.10　　−2.01　0.0885397　2.18　　4.28　　6.37　　8.46

图 2-31　哑铃销 XOZ 平面内剪应力云图

图 2-32 为哑铃销与 U 形槽内小平面的接触区域的应力云图。由图可以看出，应力比较显著的位置分布在接触区域的两端，其中最大应力位于哑铃球的内侧，最大值为 763MPa。

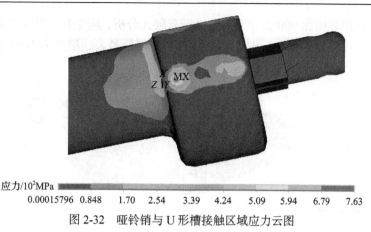

应力/10²MPa

| 0.00015796 | 0.848 | 1.70 | 2.54 | 3.39 | 4.24 | 5.09 | 5.94 | 6.79 | 7.63 |

图 2-32　哑铃销与 U 形槽接触区域应力云图

2.4　中部槽模型与静力学分析

2.4.1　中部槽三维模型

中部槽主要结构包括中板和槽帮等，如图 2-33 所示。上槽板主要用于运输煤散料，下槽板供刮板链返程使用。

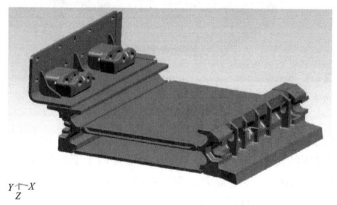

图 2-33　典型中部槽几何模型

2.4.2　中部槽结构静力学分析

中部槽有限元分析的目的是了解中部槽在采煤机不同重力分布下的应力应变状态，其有限元分析模型不再赘述，在中部槽有限元分析中省略了侧面挡板以缩短计算时间。

将中部槽的四个 U 形槽支撑、中间无地面支撑的情况用于模拟松软地面上的极端受力情况。

在中点位置施加 900kN 的压力，进行有限元分析，其变形云图如图 2-34 所示。由图可知，中部槽弯曲变形时，中点位置的变形量最大，最大值为 0.238mm。

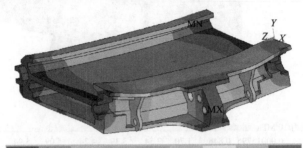

变形量/mm

0　0.0264　0.0529　0.0793　0.106　0.132　0.159　0.185　0.211　0.238

图 2-34　中部槽中点受压的变形云图

图 2-35 为将中部槽靠近右端的位置施加 900kN 的压力后的变形云图。由图可知，靠近受压位置的变形最大，最大值为 0.275mm。

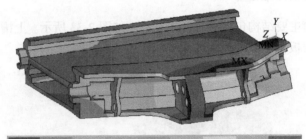

变形量/mm

0.0179　0.0464　0.0750　0.104　0.132　0.161　0.189　0.218　0.264　0.275

图 2-35　中部槽一端受压的变形云图

对两种工况进行比较可知，由于中部槽中间位置铰接耳的存在，中间受压相比于靠近一端受压的挠曲变形并不是最大的，但是两个值都在 0.2～0.3mm。等截面弯曲梁的中点位置受力挠度最大，但是中部槽上有几个铰接耳起到了加强作用，使得结果与等截面弯曲梁不一致。

2.5　整机模型与力学分析

2.5.1　整机实体模型

在综采过程中，重型刮板输送机作为必不可少的组成部分承担着运送煤炭、采煤机运行轨道、固定管线等重要作用。可见，刮板输送机的连续运转是工作面正常生产的重要保障，相对的输送机故障则会导致停产，使整个综采过程面临瘫痪。考虑到整机结构的复杂性，用图 2-36～图 2-38 展示整机结构。

图 2-36　重型刮板输送机机头部分

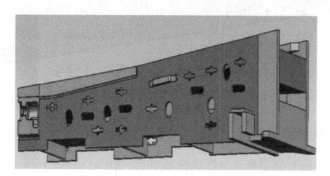

图 2-37　过渡槽几何模型

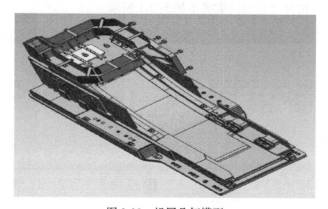

图 2-38　机尾几何模型

2.5.2　整机模型样机

重型刮板输送机整机力学分析研究的是在采煤机工作过程中，刮板输送机的中部槽、哑铃及其销轨的受力响应问题。为了简化计算，保留刮板输送机的主要部分，包括中部槽、哑铃、销轨及其连接件。为了能够在虚拟样机仿真计算过程中对刮板输送机施加较为准确的模拟载荷，在建模过程中将与刮板输送机直接接触并参与力传递的导向滑靴、平滑靴、驱动轮进行建模和装配，以便后期建立虚拟样机模型。刮板输送机-采煤机三维数字化模型如图 2-39 所示。

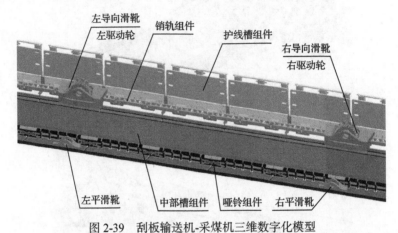

图 2-39　刮板输送机-采煤机三维数字化模型

2.5.3　虚拟样机模型

将建好的 Pro/E 模型导入 ADAMS 软件后，在 ADAMS 环境下添加构件之间的运动副约束、外部载荷、驱动等条件，进行求解计算。建立如图 2-40 所示的虚拟样机模型。各构件之间的约束关系如表 2-1 所示。

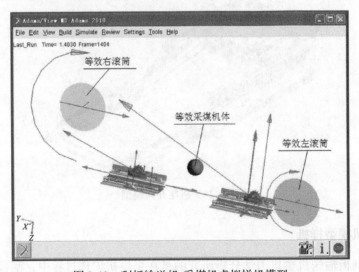

图 2-40　刮板输送机-采煤机虚拟样机模型

表 2-1　虚拟样机构件之间的约束关系

序号	类型	构件 1	构件 2	运动副类型	数量
1		等效采煤机体	左/右导向滑靴	固结	2
			左/右平滑靴	铰接	2
			等效左/右滚筒	固结	2
2		销轨 1	中部槽 1	铰接	2
3		销轨 2	中部槽 1	铰接	1
			中部槽 2	移动副	1
4	运动副类	销轨 3	中部槽 2	铰接	2
5		销轨 4	中部槽 3	铰接	2
6		销轨 5	中部槽 3	铰接	1
			中部槽 4	移动副	1
7		销轨 6	中部槽 4	铰接	2
8		中部槽 2	地面	固结	1
9		中部槽 4	地面	固结	1
10		左导向滑靴	左驱动轮	铰接	1
11		右导向滑靴	右驱动轮	铰接	1
12		左导向滑靴	销轨 1、2、3	接触力	3
13		右导向滑靴	销轨 4、5、6	接触力	3
14		左平滑靴	中部槽 1、2	接触力	2
15		右平滑靴	中部槽 3、4	接触力	2
16	接触类	左驱动轮	销轨 1、2、3	接触力	3
17		右驱动轮	销轨 4、5、6	接触力	3
18		哑铃 1、3	中部槽 1、2	接触力	4
19		哑铃 2、4	中部槽 3、4	接触力	4
20		中部槽 1	地面	接触力	1
21		中部槽 3	地面	接触力	1
22		等效左滚筒	阻力矩、推进阻力、侧向力		3
23	负载类	等效右滚筒	阻力矩、推进阻力、侧向力		3
24		中部槽 1、2、3、4	煤/刮板/刮板链对中部槽的摩擦力		4
25	驱动	左导向滑靴	左驱动轮	电机	57.74°/s
26		右导向滑靴	右驱动轮	电机	57.74°/s

2.5.4　刚体力学分析结果

在空载工况下，即对采煤机的滚筒不施加载荷，不考虑煤、刮板和刮板链对中部槽摩擦的情况下，对重型刮板输送机进行分析。设置仿真时间为 6s，求解的步长为 0.001s。

1. 驱动轮与销轨接触力

图 2-41 显示了左驱动轮与三段销轨之间的接触力随时间变化曲线。由图可以看出，接触力随着驱动轮齿与销轨的啮合与脱离呈现"小—大—小"的变化规律，但是每个周期内的幅值变化没有规律，这是由于在空载条件下，采煤机运行时振动较大。

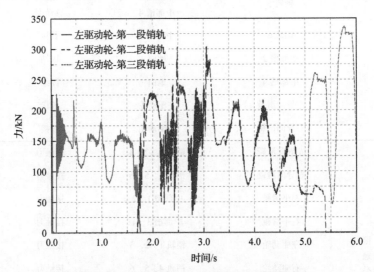

图 2-41　左驱动轮与三段销轨之间的接触力

同时，还可以分析得出，采煤机的牵引力未均匀地分配在左右驱动轮上，这是由于齿轮销轨之间并不是严格的齿轮齿条啮合关系，为了实际工程的需要，它们之间有较大的啮合间隙及侧向间隙，以及齿廓修形等其他不确定因素。

2. 采煤侧哑铃销受力状态

图 2-42 显示了采煤侧哑铃销在采煤机经过中部槽时的受力变化曲线，最大值为 580kN，且哑铃销在一个周期内波动幅值及频率都较大，这是由于一方面受采煤机空载运行时的振动影响，另一方面仿真曲线是在纯刚体条件下得出的，没有考虑构件因变形损耗的应变能。

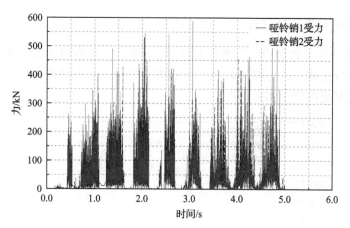

图 2-42　采煤侧哑铃销受力曲线

2.5.5　刚柔混合力学分析

在虚拟样机仿真过程中，将哑铃柔性化，在 ADAMS 环境下进行刚柔体混合动力学分析[137]。为了尽可能减少单元数量，缩短求解时间，对哑铃销模型进行一定的简化，简化内容包括倒角、拔模角及受力，简化后不会影响求解结果的局部结构。

首先采用 MSC.Patran 对哑铃销进行网格划分，然后提交给 MSC.Nastran 进行 normal modes（正交模态）分析，最终生成 ADAMS 可以识别的"yaling.mnf"中性文件。将建好的 Pro/E 模型、哑铃销有限元模型导入 ADAMS 后，添加构件之间的运动副约束、外部载荷、驱动等条件，进行求解计算。左驱动轮-第一段销轨如图 2-43 所示。

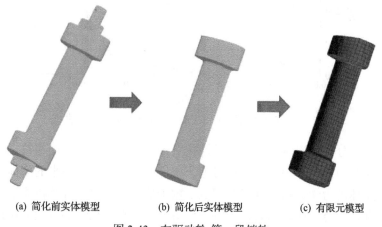

(a) 简化前实体模型　　　　　(b) 简化后实体模型　　　　　(c) 有限元模型

图 2-43　左驱动轮-第一段销轨

1. 驱动轮与销轨接触力

图 2-44 为将哑铃销设置为弹性元件(柔性体)后，仿真得出的左驱动轮及哑铃销的接触力变化曲线，与图 2-41 相比，该曲线走势没有明显变化，且曲线趋于光滑，受力情况更接近于实际情况。

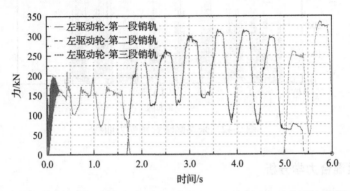

图 2-44　左驱动轮与三段销轨之间的接触力(哑铃销设置为弹性元件)

2. 采煤侧哑铃销受力状态

图 2-45 为将哑铃销设置为弹性元件(柔性体)后，仿真得出的哑铃销受力状态，与图 2-42 相比，该曲线走势没有明显变化，且曲线趋于光滑，周期内的波动得到明显抑制，并且受力最大值大幅减小，这是由哑铃销的变形消耗了能量造成的。

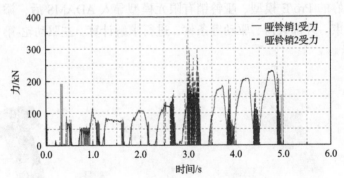

图 2-45　连接中部槽 1 和 2 销轨一侧的哑铃销受力曲线

通过上述分析可以看出，构件柔性化后计算结果与实际情况相符，更能反映构件的真实受力情况。但是，由于考虑了构件的变形，即由原来的刚体动力学分析转变为柔体动力学分析，计算时间延长数十倍，甚至普通计算机无法计算。因此，在实际计算过程中，需要进行综合考虑，对仿真结果影响较大的构件应进行柔性化处理，其他构件仍然用刚性构件代替，从而进行刚柔混合动力学分析。

　　图 2-46 显示了采煤过程中中部槽 1 与中部槽 2 之间靠近销轨一侧哑铃销的等效应力应变图。由图可以看出，哑铃销的最大应力为 310.5MPa，最大应变为 0.019，最大值出现在靠近哑铃销中截面的一条棱边上。

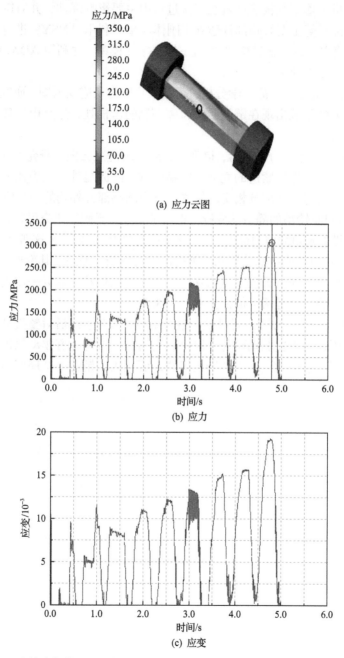

(a) 应力云图

(b) 应力

(c) 应变

图 2-46　连接中部槽 1 和 2 的销轨一侧哑铃销等效应力应变图(空载-刚柔混合)

2.6　本章小结

本章分析了重型刮板输送机在工作过程中主要影响部件，并对链轮、链环、哑铃销和中部槽等主要影响部件建立了刚体模型，利用 ANSYS 进行了静力学分析，对整机建立了刮板输送机-采煤机三维数字化模型，并利用 ADAMS 进行了力学分析，研究结果如下：

(1)通过对链轮进行静力学分析，获得了其应力及应变云图。研究可知，应力和应变比较大的区域出现在链轮受力齿廓一侧的齿根处，这是由链环和链轮齿廓挤压所导致的。

(2)通过对链环静力学分析，得到了其应力和应变云图。研究可知，链环的最薄弱位置是平环与靠近紧边的立环的接触区域。除此之外，应力比较大的部位还有圆环部分内侧与圆柱部分相交的位置，以及圆环部分外侧的中间位置。

(3)通过对哑铃销的静力学分析，得到了其应力云图。研究可知，哑铃销手柄与哑铃球交界处圆角的应力最大。为了减小最大应力，需要增大这四个圆角的半径。

(4)通过对中部槽中部受压和一端受压进行分析，得到了其变形云图。研究可知，由于中部槽中间位置铰接耳的存在，中间受压相较于靠近一端受压的挠曲变形并不是最大的，但是两个值都在 0.2～0.3mm。

(5)为更符合实际情况，对哑铃销进行柔性化处理。然后对整机进行虚拟样机刚柔混合分析，得出左驱动轮与三段销轨之间的接触力随着驱动轮齿和销轨的啮合与脱离呈现"小—大—小"的变化规律，而且哑铃销在一个周期内波动幅值及频率均较大。

第3章 重型刮板输送机刚散耦合系统 散料及其接触模型

3.1 散料模型

3.1.1 散料的物理性质

散料的物理性质非常复杂，主要由散料本身的离散特性及其实际的非规则形状所导致。散料可同时兼备固体和流体的一些性质。首先，散料本身能够维持其固体的形态，在一定程度上可以承受剪力和压力，一般不可以承受拉力。其次，散料在受到外力作用，或者内部受力发生变化时会导致散料流动，但它与纯流体不同之处在于它不能沿各个方向传递大小相等的压强。除此之外，散料具有的应力分布成拱现象、粮仓效应、巴西坚果效应以及自组织崩塌现象等特性，使得其也具有不同于固体及流体的特点。据此，现有的理论，尤其是连续介质理论无法解释散料的力学及运动特性。

散料的流动性质会对散料的储存和输送产生影响，而且与散料的物理性质密切相关[138]，包括孔隙率、颗粒密度、内摩擦力及黏聚力等。散料的宏观流动性可以由散料的内外摩擦角和休止角等来表示。

1. 孔隙率

孔隙率是散料的主要特征之一。颗粒间存在很多孔隙，孔隙率 n 是指在自然状态下孔隙的体积与散料总体积的比值，其计算公式为

$$n = \frac{V_0}{V_0 + V_1} \tag{3-1}$$

式中，V_0 为总的孔隙体积；V_1 为散料颗粒的总体积。

由式(3-1)可以看出，孔隙率可以表征散料的堆积密实程度，其大小受诸多因素的影响，包括颗粒的尺寸、颗粒的几何形状、颗粒间的相互作用、颗粒的堆积方式以及颗粒层所受的压力等。

将总的孔隙体积 V_0 和散料颗粒总体积 V_1 的比值定义为孔隙比 ε，其公式为

$$\varepsilon = \frac{V_0}{V_1} \tag{3-2}$$

2. 休止角

休止角，也称为堆积角或安息角，指的是大量颗粒状物料在水平面上自由堆积形成稳定的锥形料堆时，散料的堆积表面与水平面所形成的最大夹角。休止角的大小受散料的流动性影响，流动性越好，休止角越小。颗粒材料相同时，粒径越小，休止角越大。通常来说，颗粒的球度越高，休止角越小。

3. 外摩擦角

散料颗粒沿斜面由自然状态开始向下滑动时的瞬间，颗粒所处斜面与水平面的夹角称为外摩擦角，其正切值称为外摩擦系数。外摩擦角的大小受颗粒的本身属性(尺寸、湿度等)和接触斜面影响。散料的尺寸对外摩擦角有影响，散料的尺寸越小，外摩擦角越小；外摩擦角也受散料湿度的影响，且存在临界值的问题。在临界湿度范围内，湿的散料中大颗粒的外摩擦角要比自然湿度条件下的外摩擦角小；而小颗粒的外摩擦角要比自然湿度条件下的外摩擦角大。接触面的光滑程度也会对外摩擦角产生影响，接触表面越粗糙，外摩擦角越大；反之，接触表面越光滑，外摩擦角越小。此外，接触材料的不同也会对外摩擦系数有所影响。

4. 内摩擦角

内摩擦角是指散料在外力作用下形成相应的密实状态，在此状态下受强制剪切时形成的角。在散料内部，相互接触的颗粒需要克服接触摩擦力才能发生相对移动，这个摩擦力称为内摩擦力。在颗粒层中，散料受到的作用力超过颗粒间的极限应力时，会破坏压应力与剪应力之间的平衡。若在散料的任意一个面上施加一定的垂直应力 σ，并逐渐增加该面上的剪应力 τ，当其达到某特定值时，散料层就会沿该面发生滑移，即出现剪切破坏。由莫尔-库仑理论可知：

$$\tau = \sigma \tan\phi + C \tag{3-3}$$

式中，ϕ 为颗粒的内摩擦角；C 为初始抗剪强度。

对于无黏性散料，有

$$C = 0, \quad \tan\phi = \frac{\tau}{\sigma} \tag{3-4}$$

可以发现，内摩擦角在本质上反映了散料颗粒间的摩擦特性与抗剪切强度，同时会对散料的流动性产生很大的影响，是散料主要的力学参数之一。散料的颗粒形状、湿度、粒度组成、表面粗糙度和松散性等都会影响其内摩擦角，可以通过相应的抗剪切强度试验来检测内摩擦角的大小。

5. 黏聚力和黏结性

在散料颗粒的接触面之间，有时会存在黏性物质和水分。在这种情况下，即使没有压力作用，也会使散料具有一定的抗剪能力和刚度。这种散料最初就具有的抗剪能力就是黏聚力，它和内摩擦力共同影响散料的抗剪强度。散料的黏聚力会受物料所含黏性颗粒的数目、湿度、压实度和孔隙中所含水分的毛细管作用的影响。

黏结性是指在长期堆积存储下，一些颗粒物质会失去原来的松散性质而凝聚结团的性质。干燥的颗粒在一般情况下不会产生黏结现象，只有当颗粒物料超过某具体的湿度时才会发生黏结现象。颗粒层在正常堆积的情况下，下层颗粒所承受的压力会随着堆积层的不断增高而逐渐增大，此时更有可能发生黏结。

3.1.2　煤岩散料模型

在实际生产中，不同的矿井环境导致重型刮板输送机所传送的煤炭散料存在较大差异。其中，煤料一般包括粒径不同、形状不规则的块煤与粉煤。另外，在输送过程中除了煤料，还包含一定量的矸石、岩石等其他散料颗粒。为了能够模拟实际输送物料，进一步贴合生产实际，满足后续的研究，本节以某型号重型刮板输送机为研究对象对煤散料进行研究，该刮板输送机的铺设长度为 200m，刮板链速为 1.1m/s，刮板间距为 1008mm，额定输送量为 1500t/h(417kg/s)。对于煤散料，采煤机截割煤壁带来的不确定性导致其形态千差万别，并不像化肥或粮食等散料，颗粒形态较为接近。因此，在三维建模软件中，以准确数据构建颗粒的真实形态并不容易，且不具备代表性。为了简化相关计算，本节利用 EDEM 建立粉煤、块煤和煤块夹矸相关散料模型。

1. 粉煤与块煤几何模型

粉煤粒径一般在 0～6mm，且由形状不规则的颗粒组成。考虑到计算机的性能问题，需要适当简化粉煤模型。因此，选用粒径为 5mm 的球体颗粒作为粉煤的离散元模型，如图 3-1 所示。在 EDEM 软件的前处理器 Globals 面板下设定粉煤材料参数，如表 3-1 所示。

图 3-1　粉煤颗粒

表 3-1　煤颗粒的材料属性参数

材料名称	泊松比	剪切模量/10^8Pa	密度/(kg/m³)
煤	0.3	2	1500

根据粒度大小将块煤分为四类，即小块（13～25mm）、中块（25～50mm）、大块（50～100mm）、特大块（≥100mm）。为了更真实准确地模拟实际工况，本节建立四种形状不规则且对应上述四类粒度区间的块煤离散元模型，即颗粒1（小块）、颗粒2（中块）、颗粒3（大块）、颗粒4（特大块），如图3-2所示。块煤材料属性参数参见表3-1，块煤颗粒的具体物理特性参数参见表3-2。

(a) 颗粒1（小块）　　　(b) 颗粒2（中块）　　　(c) 颗粒3（大块）　　　(d) 颗粒4（特大块）

图 3-2　块煤颗粒

表 3-2　块煤特性参数

颗粒种类	块煤粒径/mm	颗粒质量/kg
颗粒 1	20	0.0183109
颗粒 2	35	0.0252672
颗粒 3	60	0.0368284
颗粒 4	135	2.3174

在进行仿真分析时，为了符合实际工况，颗粒工厂每秒生成的煤颗粒的总质量应该小于重型刮板输送机的额定运量417kg。综合考虑本书的研究内容和仿真效率等因素，在EDEM软件中将刮板输送机的运量（颗粒工厂每秒生成量）设为330kg，四种颗粒每秒生成的质量分别为60kg（颗粒1）、80kg（颗粒2）、80kg（颗粒3）、110kg（颗粒4）。

2. 煤块夹矸几何模型

在实际工作情况下，煤块散料中或多或少会存在矸石，在进行相关分析中，需要对矸石加以考虑。本节建立的矸石模型如图3-3所示，设定材料属性如表3-3所示，块煤的物理特性参数如表3-4所示。

图 3-3　矸石颗粒

表 3-3　矸石的材料属性参数

参数	泊松比	剪切模量/10^8Pa	密度/(kg/m³)
数值	0.35	5	2600

表 3-4　块煤特性参数(矸石)

颗粒种类	块煤粒径/mm	颗粒质量/kg
矸石颗粒	35	0.0662182

在实际生产中,煤散料是由采煤机滚筒的截齿通过截割煤层产生的。本书简化了散料的下落过程。煤散料下落的初始速度可根据滚筒外表面的线速度计算得到:

$$v = \frac{\pi D n}{60} \tag{3-5}$$

式中,D 为采煤机滚筒的外径,mm;n 为滚筒的转速,r/min。由采煤机的相关参数得 $v=2.68$m/s。

在离散元软件 EDEM 中,通过颗粒工厂模拟实际工作中煤散料的生成。根据实际生产中采煤机的采高范围(2~3.5m)和重型刮板输送机的额定运量(417kg/s),在前处理器 Creator 的 Geometry 面板下设定一个矩形区域,其相关参数设置为长600mm、宽550mm、中心坐标(0,–150,2200),然后在 Factory 面板下,分别建立四个颗粒工厂且对应产生一种类型的颗粒,生成区域都采用前面创建的矩形区域。四个颗粒工厂的相关设定如下:生成类型设置为动态(Dynamic),不限制颗粒数目(Unlimited Number);颗粒生成方式设置为每秒产生的质量(Target Mass),开始时间为 0s 时刻,生成颗粒的最大尝试次数设置为 20 次;颗粒的尺寸参数设置为固定数值(fixed),产生位置设置为随机(random),颗粒生成的初始速度根据式(3-5)计算结果进行设置,颗粒生成的下落方向设置为斜向下 45°。

3.2　接　触　模　型

3.2.1　离散元法基本原理

离散元法的基本原理为首先将研究对象离散为有限个单元,且每个单元都有相对独立的运动,然后根据牛顿运动定律和离散单元间的相互作用,采用动态松弛法或静态松弛法等迭代方法进行循环迭代计算,得出每一个时间步长内所有单元的受力及位移,接着将所有离散单元的位置进行更新。通过追踪每个离散单元的微观运动,进而得到整个研究对象的宏观运动规律。可以将单元间的相互作用视为瞬态平衡问题，当内部的作用力达到平衡时，就可以认为其处于平衡状态，而且单元所受的作用力仅取决于它本身以及与该单元直接接触的其他单元。

接触模型和牛顿第二定律是离散元法的重要因素。接触模型用于计算各接触单元间的接触力，牛顿第二定律用于计算单元的相关运动参数。离散元法可用于研究多种问题，因此使用的接触模型也各不相同，各个接触模型之间的计算方法也有所不同，但基本原理和计算迭代过程相同。在对系统的每一个离散单元计算求解时，会有大量重复或类似的公式，使用计算机帮助求解可以显著提高运算效率。

采用离散元法进行求解时，其基本过程总结如下：

(1)将求解区域离散为离散单元阵，使用与研究实际情况相符合的连接元件将相邻的两单元连接。

(2)根据力与两单元相对位移的关系得到它们的法向作用力和切向作用力，对单元受到的所有外力求取其合力与合力矩，利用牛顿第二定律求得其加速度。

(3)将求得的加速度对时间进行积分，得到该单元的速度和位移。

这样进行大量计算就可以得到所有单元在任意时刻的位移、速度、加速度和角速度等物理量。

在进行循环迭代计算时，有两种主要迭代方法可以选择，分别为动态松弛法和静态松弛法。动态松弛法将非线性静力学问题转化为动力学问题进行求解，本质上是在逐步积分的过程中考虑了临界阻尼。系统的动能经过质量阻尼和刚度阻尼而减少，使得系统趋于静态。该方法不同于有限元法构建大型刚度矩阵，只需要将各单元的运动分别计算出来，并允许单元间可以发生很大的转动和平移，数据量少，计算简单。但该方法对时间积分采用的是中心差分法，考虑了条件收敛的问题，使得计算步长不能设置太大，所以计算时间较长。动态松弛法求解静力或准静力问题时，阻尼很难确定并且对计算也有影响。静态松弛法是通过找出块体失去平衡到再平衡的力与位移之间的关系，建立隐式方法解联立方程组进行迭代计算，消除块体的残余力和力矩。该方法在进行迭代计算时不考虑黏性阻尼的影响，所以不会产生动态松弛法中确定参数困难的问题。但该方法仍然有需要改进的地方，即在对方程组进行联立求解时，可能会出现数值奇异或病态等问题。

在使用离散元法时，为了便于分析研究，做出如下假设：

(1)颗粒单元为刚性体，整个系统的变形是所有颗粒在接触点发生变形的总和。

(2)颗粒之间的接触为点接触。

(3)颗粒接触特性为软接触，即允许颗粒在接触点产生一定的重叠量，产生的重叠量相对于颗粒尺寸很小，而相对于颗粒的平移和转动，颗粒自身的变形也很小。

(4)在每个时间步内，扰动只能在颗粒本身，不能向其他颗粒进行传播，在整体时间内，每个颗粒受到的合力只能由与该颗粒发生接触的其他颗粒之间的相互作用进行确定。

离散元法模拟的是颗粒系统中每个颗粒运动的过程，颗粒运动会导致颗粒间接触发生相互作用并产生作用力，而这一过程就是离散元法描述颗粒碰撞的过程。

离散元法中根据颗粒间不同的接触方式分为硬颗粒接触和软颗粒接触两类。硬颗粒接触假设颗粒发生碰撞是瞬时碰撞，且碰撞时不发生明显的塑性变形，但硬颗粒接触只能考虑同一时刻两颗粒的碰撞，因此仅适用于稀疏快速颗粒流[139]。而软颗粒接触可以同时考虑多个颗粒持续一定时间的碰撞。

接触模型作为构成离散元法必需的组成部分之一[140]，其本质是准静态下颗粒固体的接触力学弹塑性分析结果，可以直接通过分析计算得到颗粒受到的力和力矩。离散元法为了适应不同的研究对象已经发展出多种接触模型，常用的接触模型有 Hertz-Mindlin(no slip)接触模型、Hertz-Mindlin with JKR 接触模型、Linear Cohesion 接触模型、Hertz-Mindlin with Bonding 接触模型、Linear Spring 接触模型、Moving Plane(Conveyor)接触模型和 Hertz-Mindlin(no slip)with RVD Rolling Friction 接触模型等。

3.2.2　离散元力学模型

目前，离散元法常使用软球模型和硬球模型这两种颗粒简化模型，它们各有优点，在计算效率和应用方向也各有优势。硬球模型主要应用于模拟如库埃特流、剪切流等颗粒速度比较快的情况，颗粒之间发生的是瞬时碰撞，在这一过程中颗粒不会产生明显的塑性变形。该模型只考虑同一时刻两个颗粒的碰撞，不能用于计算三个及以上颗粒之间的碰撞。软球模型主要应用于模拟多个颗粒间在一段时间范围内发生碰撞的过程，根据球体间的交叠量，利用牛顿第二定律可计算出颗粒间的接触力，计算强度比较小，适用于工程问题的数值计算[139]。

本节模型中主要存在两种接触，即煤与煤接触和煤与中部槽接触。在实际工况中，煤散料会发生破碎，中部槽结构与散料接触会发生变形，由于二者都会发生变形，接触应该设为柔柔接触，才能较为真实地反映实际情况。在 EDEM 仿真中煤散料颗粒数量很多，同一时刻会有多个颗粒发生碰撞作用，因此确定本节的力学模型为软球模型。

如图 3-4 所示，软球模型将颗粒间接触碰撞的过程简化为弹簧振子的阻尼振动，其运动方程为

$$m\ddot{x} + c\dot{x} + kx = 0 \qquad\qquad (3\text{-}6)$$

式中，x 为振子偏离平衡位置的位移；m 为质量；c 和 k 分别为弹簧阻尼系数和弹性系数。

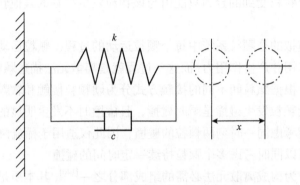

图 3-4　弹簧阻尼振子系统

由式 (3-6) 可知，颗粒受到了与位移成正比且方向相反的恢复力，也受到了与速度成正比且方向相反的黏滞阻力，因此此系统的能量呈现逐渐衰减的趋势。

两相互接触的软球模型如图 3-5 所示，颗粒 i 与颗粒 j 由于惯性或外力的作用在点 C 发生接触，开始接触时的位置由虚线表示。颗粒表面会由于两颗粒的相对运动发生变形并产生接触力，软球模型通过计算法向重叠量 α 和切向位移 δ，得到颗粒间的接触力，不需要考虑变形问题。

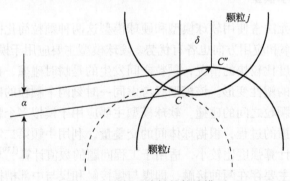

图 3-5　两相互接触的软球模型

软球模型将颗粒 i 和颗粒 j 的接触进行了相应的简化，简化模型如图 3-6 所示。在两颗粒间设置了弹簧、耦合器、阻尼器和滑动器等，同时引入相关参数。耦合器只是用来确定发生接触的两个颗粒间的配对关系，没有引入任何力。在切向上，若切向力超过特定值，滑动阻力器将实现两颗粒在摩擦力和法向力的作用下滑动。

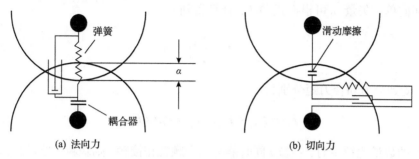

图 3-6　软球模型对颗粒间接触力的简化模型

1. 接触力计算

法向力 F_{nij} 是颗粒 i 受到弹簧作用的弹性力和法向阻尼器作用的阻尼力的合力，如图 3-5 和图 3-6 所示。对于三维颗粒，根据 Hertz 接触理论，法向力 F_{nij} 可表示为

$$F_{nij} = (-k_n \alpha^{\frac{3}{2}} - c_n v_{ij} \cdot n)n \tag{3-7}$$

式中，k_n 和 c_n 分别为法向弹性系数和法向阻尼系数。

切向力 F_{tij} 可表示为

$$F_{tij} = -k_t \delta - c_t v_{ct} \tag{3-8}$$

式中，k_t 和 c_t 分别为切向弹性系数和切向阻尼系数；v_{ct} 和 δ 分别为接触点的滑动速度矢量和切向位移矢量，滑动速度与切向位移的方向不一定相同。滑动速度矢量 v_{ct} 可表示为

$$v_{ct} = v_{ij} - (v_{ij} \cdot n)n + R_i \omega_i \times n + R_j \omega_j \times n \tag{3-9}$$

式中，R_i 和 R_j 分别为两接触颗粒的半径；ω_i 和 ω_j 分别为两接触颗粒的角速度。

当下列不等式成立时：

$$\left| F_{tij} \right| > \mu_s \left| F_{nij} \right| \tag{3-10}$$

颗粒 i 发生滑动，切向力为

$$F_{tij} = -\mu_s \left| F_{nij} \right| n_t \tag{3-11}$$

式(3-10)中，μ_s 为静摩擦因数，式(3-11)就是库仑摩擦定律。

切向单位矢量 $\boldsymbol{n}_t$ 可根据式 (3-12) 计算得到

$$\boldsymbol{n}_t = \frac{\boldsymbol{v}_{ct}}{|\boldsymbol{v}_{ct}|} \tag{3-12}$$

颗粒 i 受到合力和合力矩分别为

$$\boldsymbol{F}_{ij} = \boldsymbol{F}_{nij} + \boldsymbol{F}_{tij}, \quad \boldsymbol{T}_{ij} = R_i \boldsymbol{n} \times \boldsymbol{F}_{tij} \tag{3-13}$$

当颗粒的数量比较多时，颗粒 i 同时能与几个颗粒相接触，则颗粒 i 受到的总力和总力矩分别为

$$\boldsymbol{F}_i = \sum_j (\boldsymbol{F}_{nij} + \boldsymbol{F}_{tij}), \quad \boldsymbol{T}_i = \sum_j (R_i \boldsymbol{n} \times \boldsymbol{F}_{tij}) \tag{3-14}$$

2. 确定弹性系数

软球模型引入的部分系数如弹性系数和阻尼系数等，不能直接进行测量，需要通过一些仿真试验进行标定。根据 Hertz 接触理论，法向弹性系数 k_n 可由式 (3-15) 确定：

$$k_n = \frac{4}{3} \left(\frac{1-v_i^2}{E_i} + \frac{1-v_j^2}{E_j} \right)^{-1} \left(\frac{R_i + R_j}{R_i R_j} \right)^{-\frac{1}{2}} \tag{3-15}$$

式中，R_i 和 R_j 分别为两颗粒的半径；E_i、E_j 和 v_i、v_j 分别为两颗粒材料的弹性模量和泊松比。若两颗粒材料相同且粒径相等，则式 (3-15) 可简化为

$$k_n = \frac{\sqrt{2R}E}{3(1-v^2)} \tag{3-16}$$

切向弹性系数 k_t 由式 (3-17) 确定：

$$k_t = 8\alpha^{\frac{1}{2}} \left(\frac{1-v_i^2}{G_i} + \frac{1-v_j^2}{G_j} \right)^{-1} \left(\frac{R_i + R_j}{R_i R_j} \right)^{-\frac{1}{2}} \tag{3-17}$$

式中，G_i 和 G_j 分别为两颗粒的剪切模量。若两颗粒材料相同且粒径相等，则式 (3-17) 可简化为

$$k_t = \frac{2\sqrt{2R}G}{1-v^2} \alpha^{\frac{1}{2}} \tag{3-18}$$

在颗粒接触的过程中，k_n 和 k_t 会因法向重叠量变化而变化，因此需要根据颗粒的接触过程不断进行计算，但是计算量非常大。为了方便计算，软球模型将接触过程中的阻尼系数和弹性系数等都假定为不会发生变化，同时不考虑加载过程和变形等的影响。

3. 确定阻尼系数

当弹簧振子处于临界阻尼状态时，机械能将快速衰减，此时法向阻尼系数 c_n 和切向阻尼系数 c_t 分别为

$$c_n = 2\sqrt{mk_n} \tag{3-19}$$

$$c_t = 2\sqrt{mk_t} \tag{3-20}$$

还可以将阻尼系数与恢复系数 e 耦合，进而确定阻尼系数，其中 e 由试验测定：

$$c_n = -\frac{2\ln e}{\sqrt{\pi^2 + \ln e}}\sqrt{mk_n} \tag{3-21}$$

3.2.3　煤散料接触模型

在一般情况下，将煤散料之间的接触模型和煤散料与几何体之间的接触模型都设置为 Hertz-Mindlin(no slip)模型。

Hertz-Mindlin(no slip)模型是基于 Mindlin 的研究成果建立的，该模型可以高效准确地计算颗粒之间的接触与碰撞。

假定两个发生弹性接触的球形颗粒的法向重叠量 α 为

$$\alpha = R_1 + R_2 - |r_1 - r_2| \tag{3-22}$$

式中，R_1、R_2 分别为两颗粒的半径；r_1、r_2 分别为两球心的位置矢量。

颗粒间的接触面为圆形区域，接触半径 a 为

$$a = \sqrt{\alpha R^*} \tag{3-23}$$

式中，R^* 为等效颗粒半径，由式(3-24)求出：

$$\frac{1}{R^*} = \frac{1}{R_1} + \frac{1}{R_2} \tag{3-24}$$

颗粒间法向力 F_n 由式(3-25)求出：

$$F_n = \frac{4}{3} E^* (R^*)^{\frac{1}{2}} \alpha^{\frac{3}{2}} \qquad (3\text{-}25)$$

式中，E^* 为等效弹性模量，由式(3-26)求出：

$$\frac{1}{E^*} = \frac{1 - v_1^2}{E_1} + \frac{1 - v_2^2}{E_2} \qquad (3\text{-}26)$$

式中，E_1、E_2 分别为两颗粒的弹性模量；v_1、v_2 分别为两颗粒的泊松比。

法向阻尼力 F_n^d 根据式(3-27)计算：

$$F_n^d = -2\sqrt{\frac{5}{6}} \beta \sqrt{S_n m^*} v_n^{rel} \qquad (3\text{-}27)$$

式中，m^* 为等效质量，由式(3-28)求出：

$$m^* = \frac{m_1 m_2}{m_1 + m_2} \qquad (3\text{-}28)$$

假定 v_1 和 v_2 分别为两颗粒发生碰撞前的速度，发生碰撞时的法向单位矢量为 $\boldsymbol{n}$，可表示为

$$\boldsymbol{n} = \frac{\boldsymbol{r}_1 - \boldsymbol{r}_2}{|\boldsymbol{r}_1 - \boldsymbol{r}_2|} \qquad (3\text{-}29)$$

v_n^{rel} 为相对速度的法向分量，由式(3-30)求出：

$$v_n^{rel} = (v_1 - v_2) \cdot \boldsymbol{n} \qquad (3\text{-}30)$$

系数 β 和法向刚度 S_n 分别由式(3-31)和式(3-32)求出：

$$\beta = \frac{\ln e}{\sqrt{\ln^2 e + \pi^2}} \qquad (3\text{-}31)$$

$$S_n = 2E^* \sqrt{R^* \alpha} \qquad (3\text{-}32)$$

式中，e 为恢复系数。

颗粒间切向力 F_t 由式(3-33)求出：

$$F_t = -S_t \delta \qquad (3\text{-}33)$$

式中，δ 为切向重叠量；S_t 为切向刚度，可表示为

$$S_t = 8G^* \sqrt{R^* \alpha} \tag{3-34}$$

其中，G^* 为等效剪切模量，

$$G^* = \frac{2 - v_1^2}{G_1} + \frac{2 - v_2^2}{G_2} \tag{3-35}$$

G_1 与 G_2 分别为两颗粒的剪切模量。

颗粒间的切向阻尼力 F_t 由式 (3-36) 计算：

$$F_t = -2\sqrt{\frac{5}{6}} \beta \sqrt{S_t m^*} v_t^{rel} \tag{3-36}$$

式中，v_t^{rel} 为切向相对速度。

摩擦力 $\mu_s F_s$ 对切向力有影响，同时，必须考虑仿真中的滚动摩擦，它可用接触面上的力矩来表示：

$$T_i = -\mu_r F_n R_i \omega_i \tag{3-37}$$

式中，μ_r 为滚动摩擦因数；R_i 为接触点和质心之间的距离；ω_i 为物体在接触点的单位角速度矢量。

3.2.4　磨损分析模型

在实际工况下，中部槽会由于煤散料的摩擦和冲击而产生磨损。因此，在 EDEM 仿真时，需要将煤散料与几何体之间的接触模型设置为 Hertz-Mindlin with Archard Wear 模型和 Relative Wear 模型。

1. Hertz-Mindlin with Archard Wear 模型

Hertz-Mindlin with Archard Wear 模型是在 Hertz-Mindlin 模型的基础上进行了延拓，能够预测散料对几何体表面的磨损深度。此模型基于 Archard 的研究成果，其主要内容是颗粒经过几何体表面，其表面材料去除的体积与其所做的摩擦功成比例，公式如下：

$$Q = W F_n d_t \tag{3-38}$$

式中，Q 为表面材料的去除体积；d_t 为散料切向移动距离；W 为磨损常数，由式 (3-39) 计算得到：

$$W = \frac{K}{H} \tag{3-39}$$

式中，H 为材料表面硬度；K 为无量纲常数。在 EDEM 仿真中输入 W 值即可。

　　材料移除的体积根据式(3-38)预测得到，EDEM 软件中每个单元的磨损深度可由式(3-40)重新定义：

$$h = \frac{Q}{A} \tag{3-40}$$

2. Relative Wear 模型

　　在实际工况中，散料对几何体会产生摩擦磨损和高冲击磨损，这种磨损可由 Relative Wear 模型进行模拟分析，该模型是根据散料与几何体之间的作用力和相对速度来进行计算的。磨损发生的区域可以由该模型进行预测，但具体的材料移除速率无法确定。

　　该模型中共有四个特性指标，分别为法向和切向累积接触能量以及法向和切向累积作用力。法向和切向累积接触能量分别衡量由散料对几何体材料的冲击和散料沿几何体的滑移导致的累积能量，其计算公式如下：

$$E_n = \sum |F_n V_n \delta_t| \tag{3-41}$$

$$E_t = \sum |F_t V_t \delta_t| \tag{3-42}$$

式中，δ_t 为时间步长；V_n 和 V_t 分别为法向和切向相对速度。

$$F_{nc} = \sum |F_n| \tag{3-43}$$

$$F_{tc} = \sum |F_t| \tag{3-44}$$

　　切向累积作用力与所选取的时间步长有关，其设置的数值越小，切向累积作用力越大。

3.2.5　接触参数

　　在重型刮板输送机的中部槽上对煤与矸石散料进行运输模拟时，EDEM 软件中存在五类接触，即煤与煤颗粒间的接触、矸石与矸石颗粒间的接触、矸石颗粒与煤颗粒的接触、煤颗粒与钢材料(中部槽)的接触、矸石颗粒与钢材料(中部槽)的接触。在进行磨损仿真时，还需要设定煤矸石散料与中部槽之间的磨损常数。通过参考相关的资料，磨损常数为 $0.8 \times 10^{-12} \sim 4.1 \times 10^{-12} \mathrm{m}^2/\mathrm{N}$，设置接触属性参数如表 3-5 所示。

表 3-5　接触属性参数

项目	恢复系数	静摩擦系数	滚动摩擦系数
煤-煤	0.5	0.6	0.05
煤-钢	0.5	0.4	0.05
矸石-煤	0.5	0.5	0.05
矸石-矸石	0.65	0.3	0.02
矸石-钢	0.6	0.5	0.01

3.3　本　章　小　结

本章分析了重型刮板输送机刚散耦合系统的散料模型和接触模型，构建了粉煤、块煤和煤块夹矸的散料模型，并进行了相应的简化处理。运用离散元法对煤散料之间的接触模型以及煤散料与几何体之间的接触模型进行了研究分析，详述了 EDEM 软件中所研究接触模型的理论原理和参数设定。本章主要研究内容如下：

（1）粉煤的模型为粒径为 5mm 的球体颗粒，如图 3-1 所示，块煤的模型为四种不同粒度的区间且形状不规则的颗粒，如图 3-2 所示，矸石颗粒模型如图 3-3 所示。

（2）使用离散元法进行接触模型设定时，将煤散料之间的接触模型设置为 Hertz-Mindlin(no slip) 模型。通常情况下将煤散料与几何体之间的接触模型设定为 Hertz-Mindlin(no slip) 模型，但研究煤散料的摩擦和冲击对中部槽的磨损时，接触模型应选择 Hertz-Mindlin with Archard Wear 模型和 Relative Wear 模型。

（3）对煤与煤颗粒的接触、矸石与矸石颗粒的接触、矸石颗粒与煤颗粒的接触、煤颗粒与钢材料(中部槽)的接触、矸石颗粒与钢材料(中部槽)的接触进行了参数设定。

第4章　重型刮板输送机刚散耦合系统运动学

4.1　链轮与链环运动学分析

链轮与链环是重型刮板输送机主要运动件，是运动学分析的重点。

4.1.1　链轮运动学分析

本节在分析链轮与链条的运动时忽略了链轮轴的间隙，重点考虑由链轮与链条的啮合所引起的运动学特性。

1. 链轮与链条虚拟样机

重型刮板输送机属于中双链，在建立虚拟样机时只取其中1/2(图4-1)。为使虚拟样机的运动与实际运动接近，前后驱动链轮增加驱动，链条在规定平面内运动，以避免链条在高速下发生扭转。

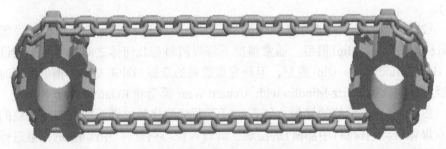

图4-1　链轮与链条传动虚拟样机

该虚拟样机链条长度远小于实际长度，实际两链轮间距约为 300m。每增加1m增加14节链条，以及32个接触副、4个平面副，同时会使得计算结果增加32个力。因此，300m 的链轮中心距会导致计算因中间结果过多而无法继续。短链条虽然不能准确反映链轮与链条真实受力的大小，但是可以反映其中链条的运动规律以及链轮的接触力的变化情况。

2. 链轮运动学仿真与分析

作为驱动链轮，链轮的运动按规定给定，其启动与运行以及停机过程如图4-2和图4-3所示。

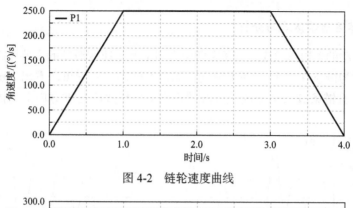

图 4-2　链轮速度曲线

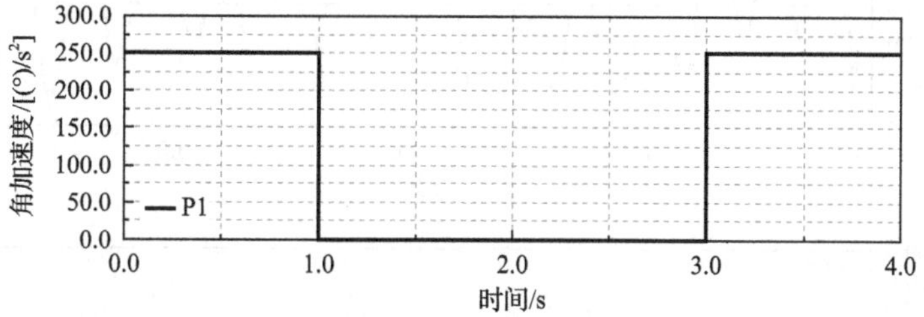

图 4-3　链轮加速度曲线

4.1.2　链环运动学分析

链条运动可以充分体现链轮与链条运动的多边形效应，其波动大小取决于链轮的转速和轮齿数。链条的速度波动必定会引起链条接触力的波动，从而增加动载荷。而在实际使用中，链条由于受到煤层的重力作用，其速度波动要远小于分析结果，但这种速度波动的趋势必然引起链环内应力的变化，因此需要对链环进行运动学分析。

1. 链环虚拟样机

在虚拟样机的建立中，链条运行速度方向为 X 方向，链轮轴线方向为 Z 方向，垂直于链轮 XOZ 平面的方向为 Y 方向（图 4-4）。

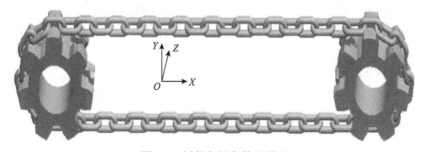

图 4-4　链轮与链条传动模型

2. 链环运动学仿真与分析

链环运动的多边形效应是链条在两个方向上产生速度波动的主要原因。图 4-5、图 4-6 分别为链条在 Y 和 X 两个方向上的速度波动。由图可以看出，链条振荡波峰在移动，且链条其余部分的速度波动正是多边形效应在 Y 方向上的体现。

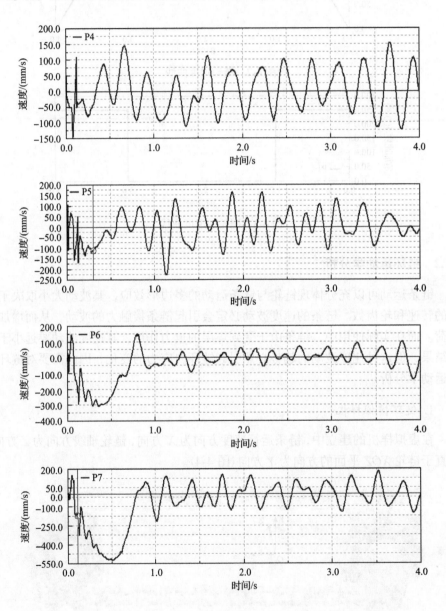

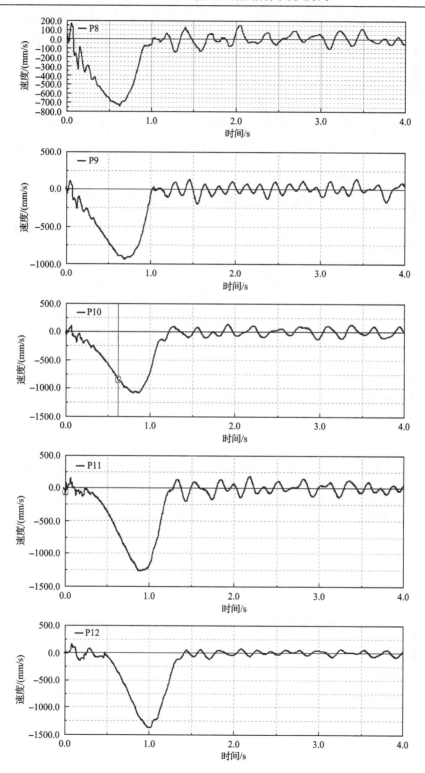

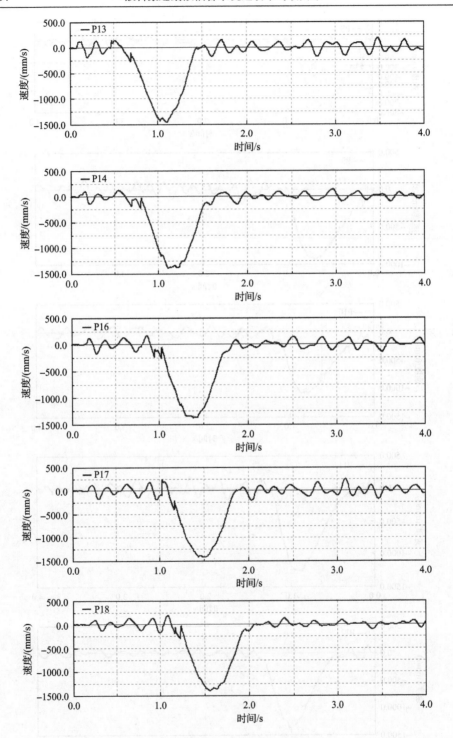

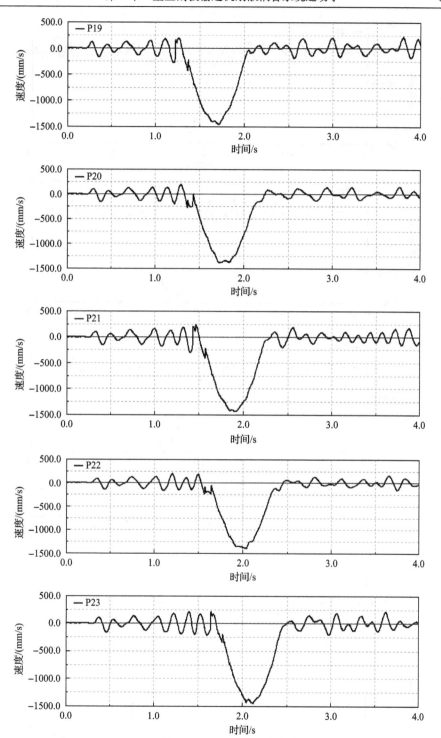

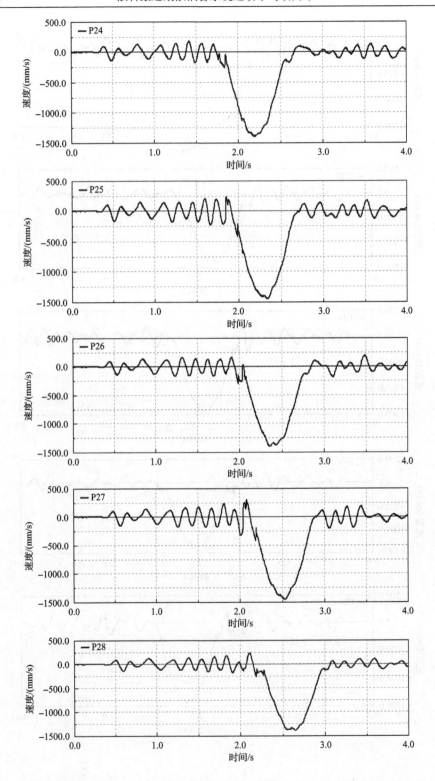

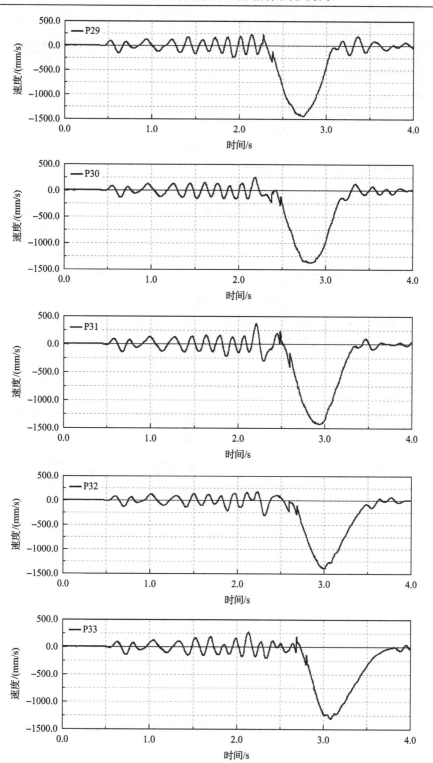

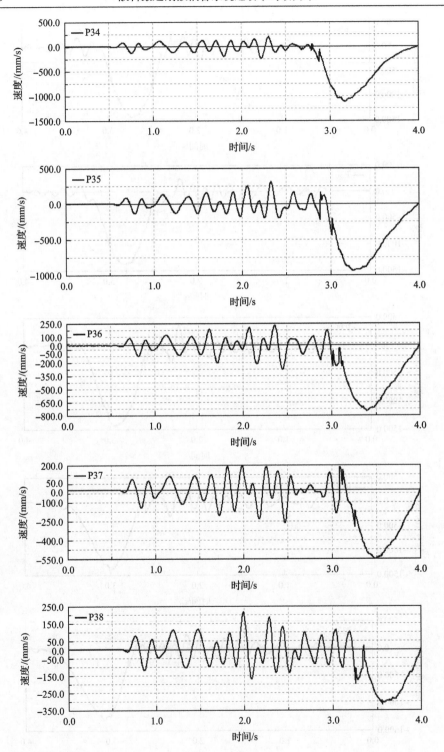

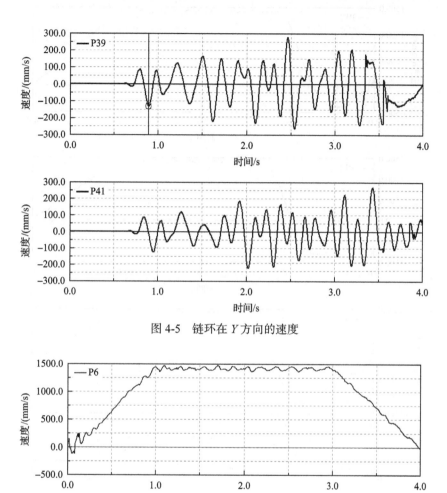

图 4-5　链环在 Y 方向的速度

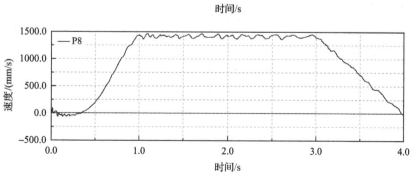

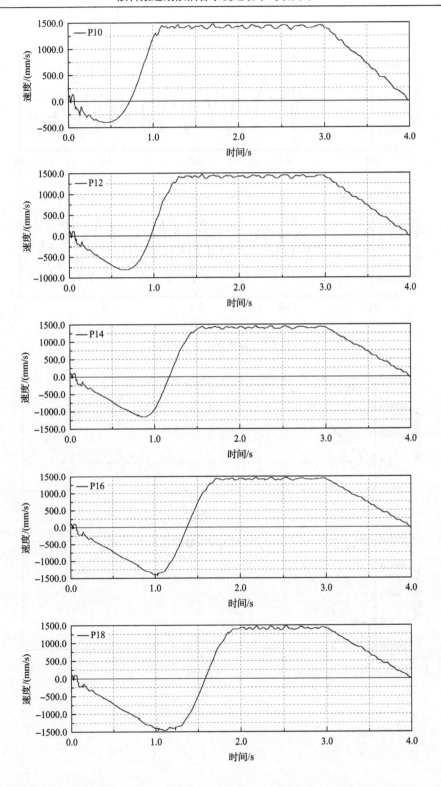

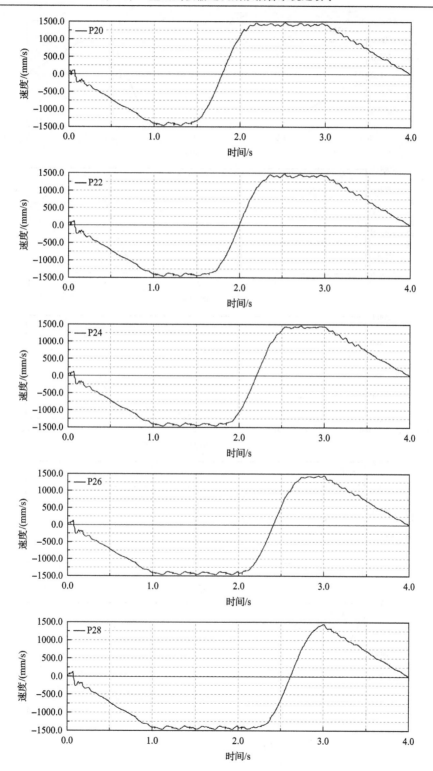

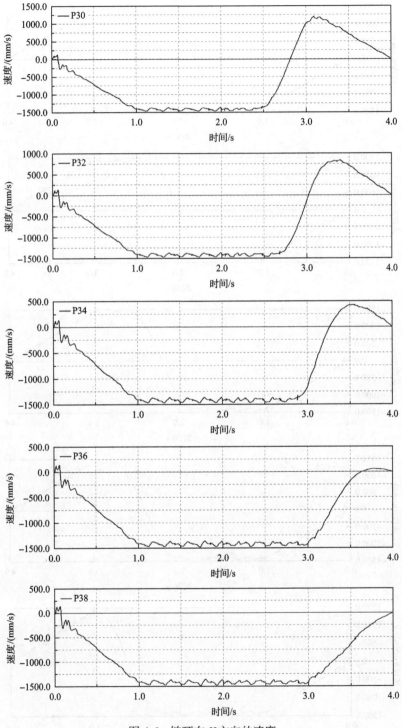

图 4-6　链环在 X 方向的速度

水平和竖直两个方向，取其中任何一个方向的速度进行分析，均能验证多边形效应的存在，也均能解释链传动瞬时传动比波动、平均传动比不变的问题，并且两个方向的速度可以相互验证。

在链轮轴线的方向(Z 方向)上也有速度波动，这是因为链条与链条之间不是圆柱销连接，而是两个圆环曲面的区域接触，水平方向和竖直方向上的速度波动都会引起 Z 方向上的速度波动，其中某节链环 Z 方向上的速度与时间的关系曲线如图 4-7 所示。

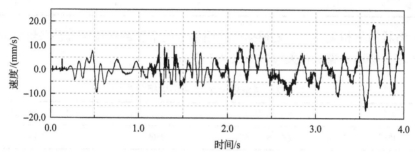

图 4-7　Z 方向链条的波动

Z 方向上的速度具有以下两个特点：

(1)没有特定的波动规律。

(2)速度的幅值比较小，小于 20mm/s，相比于其他方向的 1500mm/s，可以忽略。

Z 方向上的速度比较小，且紊乱，属于微小的振动，对合成的总速度贡献不大，因此没有研究的必要。

4.2　复杂工况下输送运动仿真分析

通过离散元法，可以研究和掌握散料的复杂行为信息。本节采用离散元软件 EDEM，以煤散料及刮板输送机中部槽为对象，研究不同工况下煤散料在中部槽内的运行情况，从而为研究煤散料在重型刮板输送机中部槽内的输运特性提供依据。

4.2.1　启停及平稳工况

为研究启动工况、停止工况、平稳工况(平稳工况细分为不同输运角度、不同输运速度、不同给料速度、不同采高等)等多种工况下的煤散料输运特性，本节首先确定一种输运状态为参考状态，然后根据研究需要分别针对相应工况进行多次模拟，从而进行对比分析，每次模拟只变动其中一个参数，其他参数保持不变，以获得不同工况下的结果及数据。本节模拟仿真所涉及的主要参数包括输运角度、输运速度、给料速度(速率大小)以及采煤机采高等，参考状态主要参数如表4-1所示。其中，输运速度为所用重型刮板输送机的额定输运速度，给料速度由采煤机额定转速换算得到，即施加给产生颗粒的初速度为采煤机的额定转速。

表 4-1　参考状态主要参数

输运状态	输运角度/(°)	输运速度/(m/s)	给料速度/(m/s)	采煤机采高/m
平稳	水平	1.1	3.44	5.5

参考状态的相关参数主要根据所使用型号的重型刮板输送机及采煤机的相关参数设定，所用采煤机相关参数如表4-2所示。

表 4-2　某型号电牵引采煤机相关参数

参数	采高范围/m	滚筒直径/mm	滚筒旋转线速度/(m/s)
数据	2.6～5～5.5	2500	3.44

模拟时需要在 EDEM 软件中的 Factory 面板下设置颗粒工厂的相关特征。由构建的输运模型可知，颗粒工厂产生颗粒的过程需要模拟采煤机截割煤壁落煤的过程，因此将颗粒工厂设置在重型刮板输送机中部槽一端的上方且平行于中部槽底部，两者之间的高度即设定为采煤机的采高。颗粒工厂产生颗粒时既需要尽可能地符合实际工况，同时又要保证产生的颗粒可以完全落入中部槽中。因此，本节选取颗粒工厂的形状为长方形，沿中部槽长度方向的边长为2.5m，沿中部槽宽度方向的边长为0.755m，如图4-8所示。

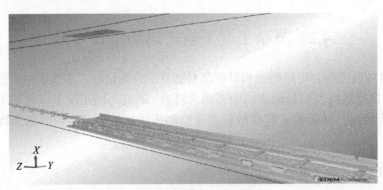

图 4-8　颗粒工厂形状

接下来单击 Factory 面板，添加新工厂。为了研究不同粒径尺寸下煤散料颗粒输运状态的特点，本节添加了三个相同位置、相同尺寸的颗粒工厂，以产生三种不同粒径大小的颗粒，确保颗粒的产生位置、时间完全相同，进而模拟采煤机工作时截割出不同粒径尺寸的煤炭，所用三种粒径颗粒如表 4-3 所示。

表 4-3　各颗粒工厂生成颗粒速度

颗粒粒径/mm	20	35	60
生成速度/(kg/s)	60	80	80

完成上述参数设定后，可针对具体工况进行相应的模拟仿真。不同工况下只需更改其中相应参数即可，其余参数保持不变，具体过程在下面进行详述。接下来进入求解模块，在 Simulator 模块下进行操作。其中，EDEM 软件中默认瑞利时间步长为 0.000859s，在求解中将固定时间步长设置为瑞利时间步长的 10%，即 0.0000859s，设置仿真时长为 15s。根据前处理相关参数，调整仿真区域的网格尺寸，确保总的网格单元数小于 100000，但尽可能靠近这一数值，以保证既能够得到理想的运算结果，同时又能大大提升模拟仿真的效率。在参考状态下，将仿真区域网格尺寸设定为 $6.89R_{min}$，因此仿真区域可被划分为 92565 个小正方体。

1. 平稳工况模拟

平稳工况模拟的是煤散料在重型刮板输送机正常、稳定工作情况下的运动状况，对同一种物料而言，能够影响散料输运状态的主要人为可控因素包括输运速度、输运角度、给料速度(速度大小)以及采煤机采高等。同时，平稳工况下对于煤散料输运的不可控影响因素较少，得到的仿真结果与实际工况的符合程度较高，因此在对平稳工况进行模拟仿真时，分别针对不同输运速度、不同输运角度、不同给料速度(速度大小)以及不同采煤机采高的工况进行模拟仿真，并将模拟结果与参考状态下的运动特点进行对比，从而充分研究煤散料在不同平稳工况下的运动状态。

整个模拟过程从 t=0s 颗粒工厂产生颗粒开始，即模拟采煤机截割煤壁产生煤块并下落的过程，随后颗粒落入中部槽中，在刮板及刮板链的作用下由中部槽的一端运往另一端，在 t=15s 时，模拟仿真结束。参考状态下的输运情况按照表 4-1 设定参数进行模拟仿真即可，模拟结果如图 4-9 所示。

在研究不同输运速度下的平稳工况时，保持其他参数不变，在 Geometry 面板下选定刮板及刮板链部件，单击 Dynamic 标签打开动态面板，添加运动，并将 Type 设置为 Linear Translation，即平动状态。开始时间设置为 t=0s，结束时间设置为 t=15s，加速度设置为 0m/s，速度方向设置为平行于中部槽底部，以保证刮板及刮板链在整个模拟仿真过程中始终保持匀速直线运动。在进行不同输运速度模拟仿真时，只需要改变初始速度的设定即可，模拟仿真所用速度初始值如表 4-4 所示。

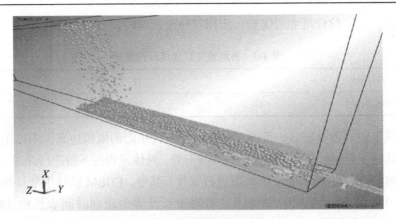

图 4-9　参考状态模拟结果

表 4-4　不同输运速度工况模拟所用速度初始值　　　　（单位：m/s）

参数	参考值	对比值1	对比值2
数值	1.1	0.8	0.5

在研究不同输运角度下的平稳工况时，没有直接可以调整输运角度的参数，因此需要通过调整重力加速度与重型刮板输送机中部槽角度实现调整输运角度。在 Globals 面板下设置 Gravity 参数，通过调整 X、Y、Z 方向的重力加速度分量实现调整合重力加速度与刮板输送机中部槽角度。在参考状态下，重力加速度方向垂直于刮板输送机中部槽，其他两个对比状态则根据刮板输送机的使用倾角范围设定为两个极限角度，即斜向上 25° 和斜向下 20°，具体的坐标参数如表 4-5 所示。

表 4-5　不同输运角度的重力加速度参数设定

输运角度	水平输运	斜向上 25°	斜向下 20°
坐标值	(−9.809, 0, −0.13987)	(−8.9491, 0, 4.0187)	(−9.1696, 0, −3.4863)

在研究不同给料速度下的平稳工况时，保持颗粒初速度方向不变，只改变初速度大小，研究不同初速度大小下煤散料在重型刮板输送机中部槽中的输运情况。在 Factory 面板下，选择 Parameters 模块下的 Velocity，将 Option 选项选为 fixed，即同一个颗粒工厂所有颗粒的初速度均相同，修改 Config 选项参数，分别设定 X、Y、Z 方向上的分速度，具体的坐标参数如表 4-6 所示，三个颗粒工厂的颗粒初速

表 4-6　不同给料速度的速度参数设定

速度	3.44m/s	2.12m/s	1.41m/s
坐标值	(−2.435, 0, −2.435)	(−1.5, 0, −1.5)	(−1, 0, −1)

度设置方法与数值相同。参考状态下的给料速度，即颗粒工厂产生颗粒初速度为 3.44m/s，对比模拟仿真的两个初速度分别为 2.12m/s 和 1.41m/s。

在研究不同采煤机采高下的平稳工况时，只需要在设置颗粒工厂位置时调整其相对于中部槽底部的高度即可。相关的设置工作在 Geometry 面板下进行，对所建立的颗粒工厂的 Detail 标签下的坐标值进行修改，完成采高设定。参考状态下的采高为 5.5m，两次对比仿真的采高分别为 5m 和 2.6m。

在完成相应工况的模拟仿真之后，将结果与参考状态下的运动情况进行对比，总结归纳出平稳工况下的煤散料在重型刮板输送机中部槽内的运动特点。

2. 停机工况模拟

停机工况模拟的是煤散料在重型刮板输送机平稳输运过程中突然制动停机的瞬时运动状况，持续时间极为短暂。整个过程经历了从煤壁截割产生煤散料，下落至刮板输送机上，在刮板及刮板链的作用下沿中部槽运动并趋于稳定状态，突然制动停机等几个阶段。在利用 EDEM 软件模拟时，相关参数也依照这个过程进行设定。

重型刮板输送机突然制动前的过程与平稳工况模拟过程相同，因此相关参数设定也相同。在 t=7s 时，设置刮板链运行速度为 0，其余参数不变，即开始制动停机，在 t=10s 时整个模拟过程结束。

整个模拟过程经历 10s，通过 EDEM 软件后处理模块重点对 t=7s 前后的煤散料的运动情况进行观察研究，从而得到煤散料在突然制动停机工况下的运动情况。

3. 启动工况模拟

启动工况模拟的是煤散料满载静止在刮板输送机上时，刮板输送机突然启动的瞬时运动状况，持续时间也同样极为短暂。在利用 EDEM 软件模拟时，需要先完成刮板输送机中部槽满载散料且保持静止的过程模拟，随后模拟刮板输送机突然启动的过程。

为短时间内实现煤散料在刮板输送机中部槽满载静止的过程，首先对颗粒工厂的尺寸参数进行修改。选定各颗粒工厂，在 Polygon 标签下，将颗粒工厂沿中部槽长度方向的尺寸修改为 9.5m，同时调整其中心坐标，使得整个颗粒工厂完整覆盖刮板输送机的中部槽，其产生的颗粒能够直接填满中部槽，如图 4-10 所示。

为缩短突然启动前的模拟仿真时间，只用 1s 产生煤散料颗粒，各颗粒工厂产生颗粒速度及总量由颗粒的尺寸关系以及填满中部槽所用颗粒量计算得出，计算结果如表 4-7 所示。

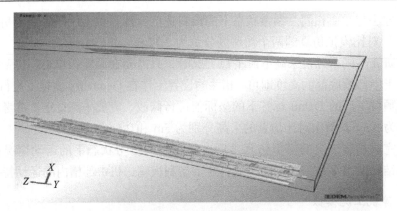

图 4-10　启动工况的颗粒工厂

表 4-7　各颗粒工厂产生颗粒速度及总量

速度和总量	颗粒工厂 1	颗粒工厂 2	颗粒工厂 3
生成颗粒速度/(kg/s)	104.1599	833.2744	1830.705
生成颗粒总量/kg	104.1599	833.2744	1830.705

在 t=0s 时，模拟开始，颗粒工厂开始产生颗粒，此时刮板链速为 0。在 t=5s 时，刮板链开始运行，运行速度为 1.1m/s，即模拟重型刮板输送机突然启动的过程，t=10s 时，模拟仿真结束。在 0～5s，颗粒会完成从下落至中部槽至静止在中部槽的全过程（飞出中部槽的颗粒除外），以确保刮板输送机开始启动时，煤颗粒的速度为 0。

整个模拟过程同样经历 10s，通过 EDEM 软件后处理模块重点对 t=5s 前后煤散料在刮板输送机启动工况下的运动情况进行分析。

4.2.2　物料堆积工况

利用 EDEM 软件，模拟某型号重型刮板输送机中部槽出现的物料局部轻度堆积及物料局部严重堆积两种工况，对在这两种堆积工况下煤炭颗粒的运动行为以及散料的分布形态进行分析。具体实现过程为在中部槽靠近中间部位设置一个颗粒工厂，通过提前生成颗粒的方式来模拟物料堆积工况。在模拟轻度堆积时，提前生成 20kg 的煤颗粒，如图 4-11 所示；在模拟严重堆积时，提前生成 60kg 的煤颗粒。在进行堆积工况模拟研究时，生成堆积的颗粒类型选择颗粒 2（表 3-2），中部槽的铺设倾角设为 0°，磨损常数及刮板链速分别为 $1.5 \times 10^{-12} \mathrm{m}^2/\mathrm{N}$ 及 1.1m/s，运量设定为 330kg/s，仿真时间为 10s。

轻度堆积工况在 t=2s 时煤颗粒的分布形态如图 4-12 所示，其中灰色代表堆积物料，黑色代表正常运输的煤散料。图 4-13 为轻度堆积工况在 t=7s 时煤颗粒分布形态。通过 t=2s 与 t=7s 的对比可知,在运动开始时,正常输运的煤颗粒与堆积颗粒区分明显,随着时间的推进,堆积的灰色颗粒被正常运输的黑色颗粒冲散,此时它们还并没有混合,灰色颗粒分布在黑色颗粒的两侧。

图 4-11　物料堆积示意图

图 4-12　轻度堆积工况在 t=2s 时煤颗粒的分布形态

图 4-13　轻度堆积工况在 t=7s 时煤颗粒的分布形态

图 4-14 为严重堆积工况在 t=7s 时煤颗粒的分布形态。由图可知,此时灰色颗粒并没有被黑色颗粒完全冲散。可见,堆积越严重,颗粒被冲散所耗费的时间越长。另外,由图 4-14 可以观察到,当发生严重堆积时,随着刮板输送机的运行,堆积颗粒会被推散在两侧的槽帮上。

图 4-15 为在两种工况下堆积的煤颗粒在 Y 向,即运输方向的平均速度。由图可见,两条曲线在整体上变化趋势基本一致。在 t=1.8s 时,煤颗粒的速度开始发生变化,这是由于前面正常运输的煤颗粒到达堆积处,两种颗粒发生接触,推动

图 4-14　严重堆积工况在 t=7s 时煤颗粒的分布形态

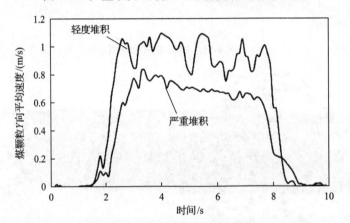

图 4-15　两种堆积工况下堆积煤颗粒的 Y 向平均速度

堆积颗粒运动，使其速度增加。之后在正常运输颗粒的推动及刮板链的带动下，堆积物料速度逐渐增大，待运输状态稳定后，速度稳定且保持平稳波动。在 t=8.2s 时，堆积颗粒到达仿真设定的中部槽末端，离开仿真区域，此时由于软件不再统计颗粒数据，速度开始急剧减小为零。

另外，由图 4-15 中轻度堆积及严重堆积的速度差异分析可知，严重堆积工况下颗粒的平均速度小于轻度堆积工况。这是由于堆积越严重，大量颗粒被冲散分布于槽帮的两侧，导致其平均速度较小。

4.2.3　含矸工况

在实际的综采工作面中，煤炭从采煤机截割掉落至刮板输送机运输，此过程中必然包含一定量的矸石，其含量一般在 0~20%。为使模拟更加贴近实际，本节通过建立含矸量为 7% 的煤散料模型来分析含矸工况下的运动形态和速度分布。煤颗粒选择颗粒 3（表 3-2），按照表 3-3 及表 3-4 设定矸石颗粒相关属性参数，刮板链速设为 1.1m/s，铺设倾角设为 0°，磨损常数设为 $1.5×10^{-12}$m^2/N，仿真时间设为 13s。

图 4-16 为中部槽在含矸工况下的纵向剖面图，其中淡黄色代表散料，红色表

示刮板及链条。由图可知，散料每隔一段距离就形成一个小坡堆，整体呈规律分布。其中，坡堆的最低处都出现在刮板的后侧，而最高处都出现在刮板的前侧。

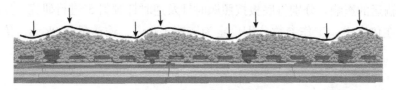

图 4-16　中部槽纵向剖面图

　　煤颗粒沿运输方向（Y向）的速度云图如图 4-17 所示。由于颗粒工厂设置在图的最左侧，由图中左侧红色部分可知，颗粒在初始下落时速度最大，随着落在刮板输送机上刮板链向前运动，颗粒的状态和速度逐渐趋于平稳。另外，由速度云图可知，在中部槽中间部分的煤颗粒的速度相对于两侧槽帮附近的速度较大。当颗粒落在中部槽槽帮上时，颗粒趋于静止状态，如图中蓝色部分所示。

图 4-17　煤颗粒 Y 向速度云图

　　煤颗粒及矸石颗粒在中部槽上的分布形态如图 4-18 所示，其中，蓝色部分表示煤颗粒，红色部分表示矸石。由图可知，矸石与煤散料在中部槽表面的分布式呈随机状态。

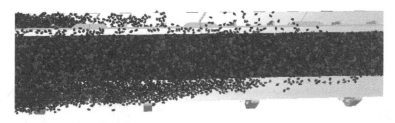

图 4-18　煤颗粒和矸石颗粒分布形态

4.2.4　底板倾斜工况

　　在综采工作面中，井下条件较为恶劣，工作面并不是像理想中那样平整，实际工作中重型刮板输送机的底板会出现倾斜，一定情况下会影响输送机的正常工作。本节研究通过在 EDEM 软件中设置中部槽倾斜角，进而分析底板倾斜角对煤散料输运的影响。分别将底板按照顺时针及逆时针倾斜 5°进行研究，如图 4-19 所示。在仿真中，工作参数分别设定为链速 1.1m/s，输送量 330kg/s，仿真时间 13s。

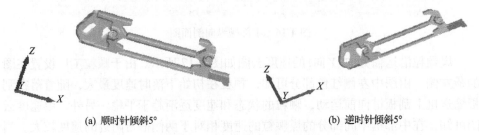

(a) 顺时针倾斜5°　　　　　　(b) 逆时针倾斜5°

图 4-19　中部槽底板倾斜示意图

图 4-20 和图 4-21 分别为底板顺时针倾斜 5°与逆时针倾斜 5°时中部槽中煤散料的形态分布情况。由图可知，底板在顺时针倾斜 5°时，散料向右侧堆积；在逆时针倾斜 5°时，散料向左侧堆积。当散料堆积过多时，会有煤颗粒从堆积一侧的槽帮处散落。

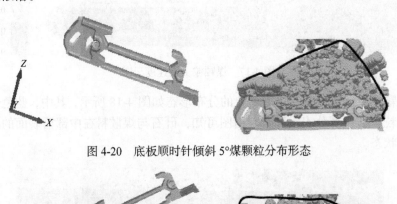

图 4-20　底板顺时针倾斜 5°煤颗粒分布形态

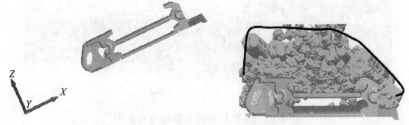

图 4-21　底板逆时针倾斜 5°煤颗粒分布形态

图 4-22 中三条曲线分别表示中部槽底板水平、顺时针倾斜 5°及逆时针倾斜 5°时的平均质量流率变化。此处的平均质量流率表示单位时间内，通过一段长度

中部槽的煤颗粒的平均质量，可以用于评价中部槽的输运效率。由曲线变化可知，当底板水平时，平均质量流率稳定期的数值较大，为 120kg/s；而当底板出现倾斜时，平均质量流率的波动变大，且稳定期数值相对于底板水平时变小，为 110kg/s。

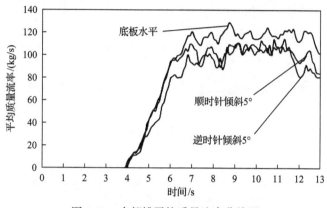

图 4-22　中部槽平均质量流率曲线图

通过颗粒分布形态及平均质量流率曲线可知，当底板出现倾斜，且中部槽满载负荷作业时，会有颗粒从倾斜侧的槽帮散落。另外，倾斜会使输送机的输运效率下降。

4.2.5　煤散料黏度变化工况

井下工作面环境潮湿，煤散料处于此种环境中必然含有一定的水分，且含水不同会导致散料颗粒之间的黏度发生变化。针对黏度不同的煤散料，通过在 EDEM 中加入黏度分析模型 Linear Cohesion，设定接触参数能量密度（单位为 J/m^3）模拟不同黏度的煤散料，从而分析黏度变化对散料输运过程的影响。接触参数能量密度分别设置为 $3\times10^6 J/m^3$、$4\times10^6 J/m^3$、$5\times10^6 J/m^3$，煤散料的黏度随着能量密度的减小而减小。在仿真过程中，工作参数分别设定为煤颗粒选择颗粒 2（表 3-2），磨损常数为 $1.5\times10^{-12} m^2/N$，链速为 1.1m/s，输送量设置为 330kg/s，仿真时间为 13s。

三种能量密度下煤颗粒的分布形态如图 4-23 所示。当能量密度为 $3\times10^6 J/m^3$ 时（图 4-23（a）），散落在中部槽外的颗粒并没有黏结成块；随着能量密度逐渐增大（图 4-23（b）），达到 $4\times10^6 J/m^3$ 时，煤颗粒出现黏结成块的现象；能量密度越大（$5\times10^6 J/m^3$），黏结块的体积越大，如图 4-23（c）所示，煤颗粒黏结成一大块悬落在中部槽的末端。分析认为，能量密度越大，即含水率的增大使得黏度增大时，中部槽运输过程中越容易出现黏结成块的现象，且煤颗粒越小，随着能量密度增大的黏结现象越严重。

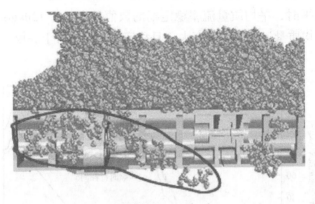

(a) 能量密度为$3×10^6\text{J/m}^3$

(b) 能量密度为$4×10^6\text{J/m}^3$

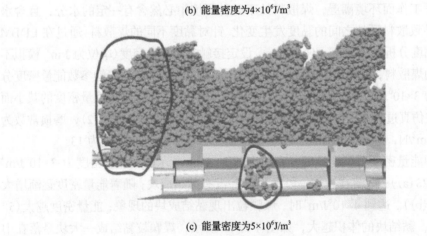

(c) 能量密度为$5×10^6\text{J/m}^3$

图 4-23　三种能量密度下煤颗粒的分布形态

4.3 煤散料分布与运动状态

4.3.1 煤散料分布状态

前述中，已经基于离散元法，采用 EDEM 软件构建分析模型，并对煤散料在重型刮板输送机中部槽中的各个工况下的运动情况进行了模拟仿真。本节在各种工况模拟仿真的基础上，结合所得到的仿真结果来分析研究煤散料的颗粒状态，包括煤炭颗粒粒径分布情况、速度分布情况和速度变化情况等运动特性，以及不同工况下煤散料整体的运动状态，从而为刮板输送机相关研究和结构设计优化提供参考依据。

鉴于散料运动的复杂性以及各工况下煤散料稳定性的不同，同时由于突然启动以及突然停机均为瞬时情况，随着时间的推移，散料同样会趋于稳定状态，因此对于煤散料颗粒状态的分析主要建立在平稳工况下。相关分析工作利用 EDEM 软件后处理模块（Analyst）进行。

为了尽可能地符合实际情况，采用多圆面填充法来构建煤炭颗粒，以四个半径为 40mm 的球面组合构成标准颗粒模型，其长、宽、高分别为 95.1091mm、85.5912mm、80.0494mm，四个球面球心坐标分别为(−5.18227, −3.17466, −0.027229)、(7.55455, 0.107193, 0.0247)、(−5.77856, 2.79558, −0.001594)、(5.56446, −0.091541, 0.018026)。为了体现不同颗粒粒径对煤散料输运特性的影响，该部分采用三种不同粒径颗粒进行模拟仿真，三种颗粒粒径分别为标准颗粒粒径的 1/2、标准颗粒粒径、标准颗粒粒径的 1.3 倍，三者在模拟过程中由颗粒工厂随机位置产生，以保证产生颗粒为混合状态落入刮板输送机中部槽内。通过计算得出，标准颗粒模型的质量为 0.564549kg，体积为 0.000353m³，关于 X、Y、Z 轴的转动惯量分别为 0.000401kg·m²、0.000448kg·m²、0.000465kg·m²。

1. 粒径分布分析

在模拟仿真结束后，进入后处理模块（Analyst），保持模型子模板（Mode Tab）下参数不变，以颗粒实体模式显示颗粒。进入颜色设置子模板（Coloring），在 Select Element 选项中选择 Particle，即对颗粒进行颗粒着色。在 Attribute Coloring 标签下的 Attribute 选项中选择 Mass，不同颗粒粒径的颗粒质量必然不同，以 Mass 这一参数即可区分出三种不同粒径的颗粒。完成设定后，EDEM 软件会自动按质量大小对颗粒进行着色，质量由小到大依次着色为蓝色、绿色和红色，仿真结果可非常清晰地体现出不同粒径颗粒的分布情况。各平稳工况下颗粒粒径分布情况如图 4-24 所示。

(a) 参考模型模拟仿真

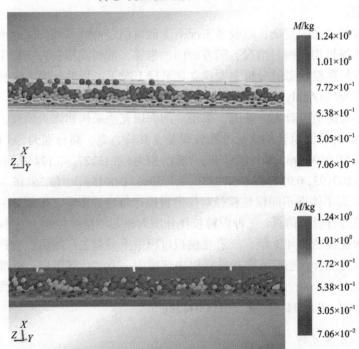

(b) 不同采高模型模拟仿真

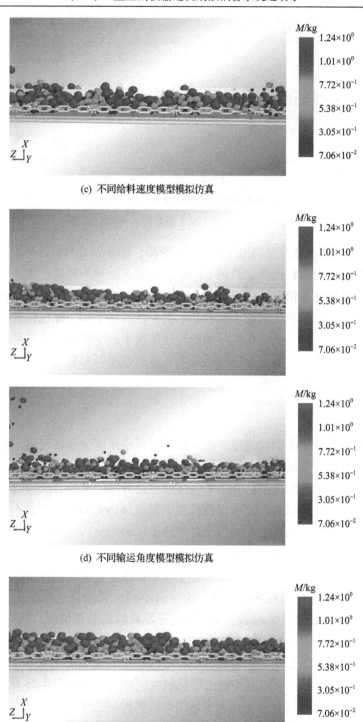

(c) 不同给料速度模型模拟仿真

(d) 不同输运角度模型模拟仿真

(e) 不同输运速度模型模拟仿真

图 4-24　各平稳工况下颗粒粒径分布剖面图

图 4-24(a) 为参考模型模拟仿真试验剖面图，图 4-24(b)～(e) 分别对应两种不同采高、两种不同给料速度、两种不同输运角度、两种不同输运速度等八种不同工况下颗粒粒径分布情况。由图可见，在不同工况下，红色代表的大颗粒基本集中在散料上部，而蓝色代表的小颗粒基本集中在散料下部，绿色代表的中等颗粒基本集中在散料中部，表明在实际煤炭输运过程中，平稳输运的煤散料的粒径分布情况基本与采高、给料速度、输运角度、输运速度等参数无关，均呈现出大块在上、小块在下的分布状态。

2. 速度分布分析

本节的研究对象为颗粒速度，在分析煤炭颗粒速度分布情况时，后处理过程主要研究的参数为颗粒的速度。

同样，利用之前的模拟仿真结果，按照粒径分布研究的方法进行相关参数的设定。在后处理模块 (Analyst) 中保持模型子模板 (Mode Tab) 下参数不变，以颗粒实体模式显示颗粒。然后进入颜色设置子模板 (Coloring)，在 Select Element 选项中选择 Particle，对颗粒进行着色。在 Attribute Coloring 标签下的 Attribute 选项中选择 Velocity，即对不同速度的颗粒进行区分着色。完成设定后，EDEM 软件会自动按速度的大小对颗粒进行着色，速度由小到大依次着色为蓝色、绿色和红色，仿真结果会结合速度大小体现出不同速度颗粒的分布情况，结果如图 4-25 所示。

在平稳工况下，重型刮板输送机中部槽内颗粒的速度基本集中在非常接近的速度区间内，而颗粒下落过程中速度变化较大，因此呈现出图 4-25 所示的情况。下落颗粒的速度颜色区分明显，而中部槽内的颗粒颜色几乎一样，无法体现出中部槽内颗粒速度分布情况，因此需要将着色区间重新进行定义。

图 4-25　颗粒速度分布（系统自动划分着色区间）

在后处理模块（Analyst）的颜色设置子模板（Coloring）下，设定 Attribute Coloring 标签下的 Min Value 和 Max Value 的值分别为 0m/s 和 1.1m/s，即将颗粒着色区间设定在 0～1.1m/s，得到刮板输送机中部槽内颗粒速度分布情况如图 4-26 所示。

图 4-26　散料速度分布（着色区间为 0～1.1m/s）

由图 4-26 可以发现，位于刮板输送机中部槽中间的颗粒基本上呈现出代表高速的红色，而位于中部槽两侧的颗粒主要呈现出代表低速的绿色和蓝色，由此可以得出煤散料在输运过程中中部槽中间部分颗粒速度大，两侧颗粒速度小的结论。

此次着色区间范围较大，中部槽内部中间部分的颗粒基本上均呈现红色，难以具体体现颗粒速度的分布情况，尤其是刮板输送机中部槽内纵切面颗粒层速度分布，因此对系统着色区间再次进行设定，将 Min Value 和 Max Value 的值分别设定为 1.09m/s 和 1.1m/s，然后选取不同位置对刮板输送机中部槽进行纵向剖切，得到颗粒速度分布纵向剖面图如图 4-27 所示。

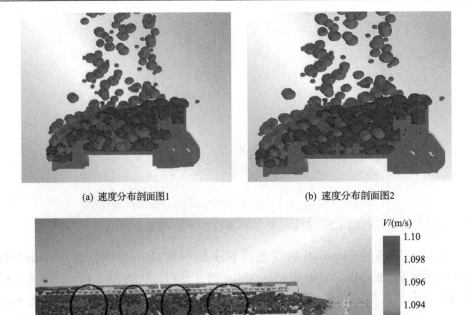

(a) 速度分布剖面图1　　　　　　　　　　(b) 速度分布剖面图2

(c) 速度区域集中

图 4-27　散料速度分布(着色区间为 1.09~1.1m/s)

　　图 4-27(a)和(b)均为剖切刮板输送机中部槽得到的速度分布剖面图。图 4-27(a)为靠近刮板区域的纵剖面图，图 4-27(b)为两刮板中间区域的纵剖面图，其速度分布略有不同，靠近刮板区域的颗粒在靠近中部槽底部的部分速度较大，而两刮板中间区域的颗粒在靠近中部槽底部部分的速度相对较小。由图 4-27(c)明显观察到，中部槽中的颗粒速度分布呈现的不是一种连续的状态，而是区域集中性，集中的中心为刮板，即只有刮板前的部分区域内的颗粒与刮板运动速度相同，而其他颗粒速度均低于刮板运动速度。

3. 不同工况下散料状态分析

1)平稳工况

　　从宏观角度来看，由图 4-25 和图 4-26 可见，在平稳工况下散料整体的状态较为稳定，随着输运距离的增大，散料速度基本趋于刮板运动速度。从微观角度来看，则要通过颗粒的运动状态反映出散料的运动状态。在后处理模块(Analyst)的 Model 标签下，设置 Particles 部分的代表类型(Representation)为 Stream，即以流方式来描述颗粒的运动轨迹。按照速度从小到大将轨迹依次着色为蓝色、绿色和红色，分别从三种不同粒径的颗粒中选取多个颗粒，得到其运动轨迹如图 4-28 所示，为清晰看出速度变化趋势，着色速度区间设置为 1～1.2m/s。

(a) 粒径为标准颗粒粒径的1/2

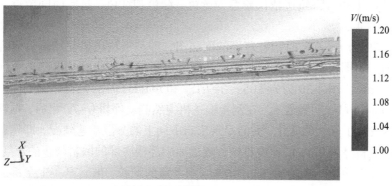

(b) 粒径为标准颗粒粒径

(c) 粒径为标准颗粒粒径的1.3倍

图 4-28　散料运动轨迹

由图 4-28 可见，随着输运距离的增大，颗粒速度基本趋于刮板运动速度。而在输运过程中，颗粒速度的变化程度随着位置的改变而发生改变：当颗粒位于散料底部时，越趋近于中部槽底部，速度变化频率越大，速率波动越大；当颗粒位于散料上部时，速度较为平稳，速率波动较小。而这一变化与颗粒粒径大小没有直接关系。

2) 停机工况

停机工况模拟的是煤散料在重型刮板输送机突然制动停机时的运动状态，因此整个研究过程的持续时间非常短暂。利用 EDEM 软件后处理模块中的染色功能观察颗粒在突然停机前后的运动状态变化情况，从而得到煤散料在停机工况下的运动状态。

在后处理模块(Analyst)中保持模型子模板(Mode Tab)下参数不变，以颗粒实体模式显示颗粒。然后进入颜色设置子模板(Coloring)，在 Select Element 选项中选择 Particle，对颗粒进行着色。在 Attribute Coloring 标签下的 Attribute 选项中选择 Velocity，即对不同速度的颗粒进行区分着色，设定染色区间为 0~1.1m/s，按照速度从小到大将轨迹依次着色为蓝色、绿色和红色，选定时间节点，结果如图 4-29~图 4-31 所示。

图 4-29 为 t=6.95s 时颗粒速度的剖面图，即刮板输送机突然停机前的颗粒运动状态图。由图可得，刮板输送机突然制动停机前颗粒速度基本趋近于刮板链运行速度 1.1m/s。图 4-30 为 t=7.05s、t=7.15s 和 t=7.35s 时的颗粒速度剖面图。

由图 4-30 可以明显看出，在刮板输送机突然制动停机(t=7s)之后，颗粒速度在短时间内发生了巨大的变化，并且呈现出自下向上的分层变速情况，即越靠近中部槽底部的散料降为 0m/s 的速度越快，越远离中部槽底部的散料静止的速度越慢。

由图 4-31 可见，在 t=8s 时，除去刚刚下落的颗粒，散料基本上全部静止，整个过程仅用时 1s，极为短暂。同时，由图 4-31 还可见，散料静止后在中部槽中呈现出明显的分块集中，以刮板为分界分割成多个区域。这是由于刮板前的散料在突然停机时仍会向前运动一小段距离，而刮板后的散料被刮板阻挡，导致散料出现了明显的分段。

图 4-29 停机工况散料初始状态

(a) t=7.05s时颗粒速度剖面图

(b) t=7.15s时颗粒速度剖面图

(c) t=7.35s时颗粒速度剖面图

图 4-30　停机后散料运动状态变化情况

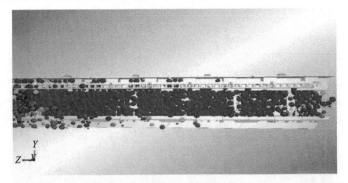

图 4-31　停机工况稳定状态

在后处理模块(Analyst)下分别标记三种颗粒，三种颗粒分别为靠近中部槽底部的颗粒、散料最上层颗粒以及介于两者之间的颗粒，三种颗粒尽可能处于同一纵切面上。在 Model 标签下，设置 Particles 部分的代表类型(Representation)为Stream，捕捉标记颗粒的运动轨迹，并同样按照速度从小到大将轨迹依次着色为蓝色、绿色和红色，结果如图 4-32 所示。

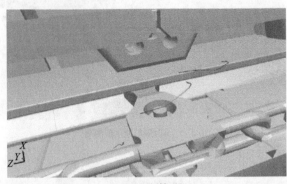

(a) 显示刮板输送机

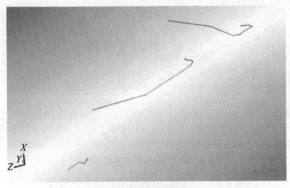

(b) 不显示刮板输送机

图 4-32　标记颗粒运动轨迹(停机工况)

图 4-32 再次体现出在刮板输送机突然停机后，散料呈现出自下向上的分层变速情况，越靠近中部槽底部的颗粒静止得越快。通过多次选取不同粒径的颗粒证明这一变化与散料粒径大小无关。

3）启动工况

启动工况与停机工况相同，研究的均是在极短时间内散料的运动情况，因此所采用的分析思路与方法基本一致。同样，在后处理模块中，利用染色系统按照颗粒速度大小对颗粒进行染色，结果如图 4-33～图 4-35 所示。

图 4-33 为 t=4.85s 时颗粒速度的剖面图，即刮板输送机突然启动前的颗粒运动状态图。由图可得，此时刮板输送机内的散料已经处于静止状态。图 4-34 为 t=5.05s、t=5.15s 和 t=5.55s 时的颗粒速度剖面图。

由图 4-34 可以明显看出，在刮板输送机突然启动（t=5s）之后，颗粒速度在短时间内呈现出明显的自下向上的分层变速情况，即越靠近中部槽底部的散料增速越快，越远离中部槽底部的散料增速越慢。由图 4-34(c)可见，在 t=5.55s 时，散料的运动状态基本上与平稳工况下的状态一致，整个过程也极为短暂。同时，由图 4-35 可见，启动后的散料速度分布也与上面分析的速度分布情况相一致。

图 4-33　启动工况散料初始状态

(a) t=5.05s时颗粒速度剖面图

(b) t=5.15s时颗粒速度剖面图

(c) t=5.55s时颗粒速度剖面图

图 4-34　启动后散料运动状态变化情况

图 4-35　启动工况稳定状态

　　同样在后处理模块（Analyst）下分别标记靠近中部槽底部颗粒、散料最上层颗粒以及介于两者之间的颗粒，并捕捉标记颗粒的运动轨迹。按照速度从小到大将轨迹依次着色为蓝色、绿色和红色，结果如图 4-36 所示。

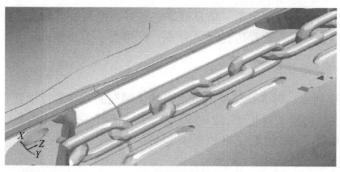

(a) 显示刮板输送机

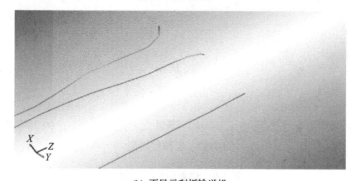

(b) 不显示刮板输送机

图 4-36　标记颗粒运动轨迹(启动工况)

图 4-36 也再次体现出在刮板输送机突然启动后,煤散料呈现出自下向上的分层变速情况,越靠近中部槽底部的颗粒增速越快,且越早开始增速。选取不同粒径进行仿真研究,也多次验证了这种速度变化情况。

4.3.2　煤散料运动状态

1. 模拟工况与参数

已知刮板输送机运行过程中经历了从启动到平稳运行再到停机的过程,本节主要针对平稳运行工况下煤颗粒的运动状态进行研究。

基于所建立的输送机离散元模型,在 EDEM 软件中继续进行相关仿真参数的设定。在 Simulator 界面下设置时间步长、仿真时间及网格大小。时间步长指的是仿真中每进行两次迭代所耗费的时间长度,而瑞利时间步长是理想化的仿真时间步长,代表剪切波在一个颗粒中传播所用的时间长度。若时间步长过大,则仿真不精确;若时间步长过小,则会增加计算成本。时间步长一般设置为瑞利时间步长的 15%~40%即可基本上满足离散元仿真计算的要求,本节中将其设定为25%。仿真时间及网格大小的设定决定了计算机整体仿真耗时,虽然网格越小单个网格单元内的接触就越简单，仿真效率也越好，但是过小的网格会导致计算机内存不足。综合考虑，设置仿真时间为 8s，网格大小为 8.5Rmin。

2. 煤散料运动分析

如图 4-37 所示，对煤颗粒模型重新以球体填充的方式进行设置，表征三种不同形状和粒度，包括 1 球模型、2 球模型及 3 球模型，分别代表类球颗粒、长条颗粒、扁平颗粒。具体参数信息如表 4-8 所示。

(a) 1球模型　　　　　　　　　(b) 2球模型　　　　　　　　　(c) 3球模型

图 4-37　煤颗粒模型

表 4-8　煤颗粒构造信息

颗粒种类	基础球体半径/mm	基础球体质心坐标	颗粒质量/kg
颗粒 1	10	(0, 0, 0)	0.006283
颗粒 2	40	(0, −12.5, 0), (0, 12.5, 0)	0.584411
颗粒 3	100	(−48, 13.5, 0), (42, 23, 0), (8.5, −40.5, 0)	12.4052

在软件前处理器界面下，设置 Particles 材料均为煤；材料属性设置与表 3-1一致。

1) 煤散料流态

在 Model 子界面下，将不透明度(Opacity)设置为 0，从而将输送机三维实体隐藏。将颗粒的显示方式设为流线型(Stream)，并用不同的颜色表示，其中蓝色、绿色、红色分别表示颗粒 1、颗粒 2、颗粒 3。将流线型的方向设置为速度方向，长度为速度大小，步长为 0.3s，之后通过播放获得煤散料的流动状态曲线。为了研究不同煤-钢静摩擦系数对流动状态的影响，仿真中设置三种静摩擦系数，即 $\mu=0.4$、$\mu=0.6$ 和 $\mu=0.8$。图 4-38 为仿真 7s 时刻的不同静摩擦系数下的流态。观察分析可知，随着煤颗粒落入中部槽，其流动状态(速度大小及方向)从不稳定状态逐渐趋于稳定状态；煤和钢之间的静摩擦系数对煤料的流动影响显著，随着静摩擦系数 μ 增大，散料颗粒速度方向的不确定性也增大。因此，分析认为煤-钢静摩擦系数过大时不利于散料的运输。

(a) μ=0.4

(b) μ=0.6

(c) μ=0.8

图 4-38　煤散料在 7s 时刻的流态

2)煤颗粒速度

(1)速度随时间的变化情况。

分别从球颗粒、长条颗粒、扁平颗粒中随机选取一个颗粒进行追踪,所选颗粒信息如表 4-9 所示。导出颗粒水平方向(Z轴)速度随时间变化的曲线,如图 4-39 所示。分析认为,不同颗粒类型在输送机上的速度变化基本相似,即从震荡趋于稳定,最终速度稳定在刮板链速附近并有小幅度波动。

表 4-9　颗粒选取结果

颗粒种类	选取颗粒 ID 号
颗粒 1	31，177，471
颗粒 2	121，424，686
颗粒 3	428，1000，566

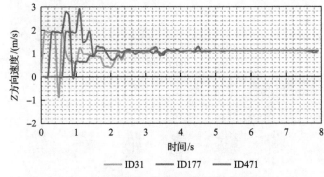

(a) 颗粒1的Z方向速度随时间的变化曲线

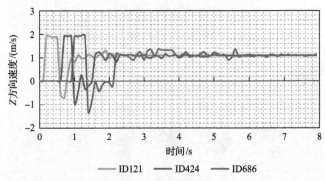

(b) 颗粒2的Z方向速度随时间的变化曲线

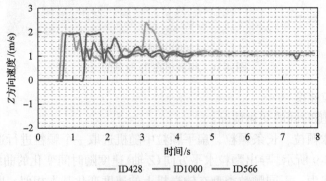

(c) 颗粒3的Z方向速度随时间的变化曲线

图 4-39　煤颗粒 Z 方向速度随时间的变化曲线

(2)速度分布区域。

在 EDEM 软件的后处理模块 Model 界面下,将中部槽和刮板链的显示方式设置为网格模式(Mesh),不透明度(Opacity)设为 0.05,颗粒的显示方式选为矢量型(Vector),颗粒的着色属性设置为速度,此时矢量的大小、方向及颜色分别代表颗粒的质量大小、颗粒的速度方向及速度大小。由颗粒群在 $t=8s$ 时的速度矢量图(图 4-40)可知,将中部槽内的整个颗粒群分为 3 个区域:①Ⅰ区为落料区,此区域大部分颗粒垂直下落速度方向垂直向下,部分颗粒出现触底反弹速度向上,碰撞激烈,运动情况最为复杂;②Ⅱ区为加速区,此区域的颗粒在刮板链的带动下逐渐向前运动,速度的大小及方向朝着刮板链运动靠近;③Ⅲ区为稳定区,此区域中大部分颗粒的速度大小已经稳定在刮板链速附近,且方向也趋于一致。

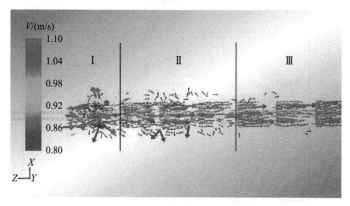

图 4-40　$t=8s$ 时的速度矢量图

(3)速度随位置的变化情况。

煤散料颗粒的速度随位置变化的散点图如图 4-41 和图 4-42 所示。图 4-41(a)~(c)和图 4-42(a)~(c)分别为 $t=6s$、7s、8s 时刻的煤散料颗粒群在 Z 方向(水平运输方向)速度散点图和 Y 方向(竖直方向)速度散点图。由 Z 方向的煤料颗粒速度散点图可知,煤料颗粒在刚落入刮板输送机中部槽时,水平方向上的速度变化较大,待煤颗粒随着刮板链运动后,其速度逐渐趋于链速,而且只在刮板附近呈现出微小波动(图 4-41 中周期性的颗粒聚集区)。由 Y 方向的煤料颗粒速度散点图可知,煤料颗粒在落入中部槽之前,其竖直方向上的速度以线性方式增加(图 4-41 为斜直线状颗粒聚集区),在落入中部槽后,竖直方向上的速度表现为在 0 附近波动,其在刮板链带动下向前运动后震荡幅度减小,竖直方向的速度也逐渐减小,直至减为 0,并且只有刮板附近会呈现出小幅度的波动(图 4-42 中周期性的颗粒聚集区)。

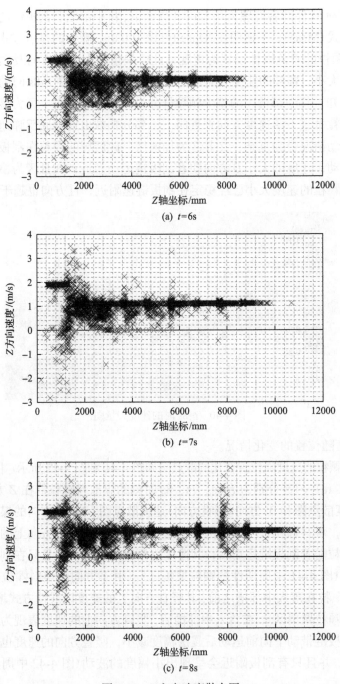

(a) $t=6\mathrm{s}$

(b) $t=7\mathrm{s}$

(c) $t=8\mathrm{s}$

图 4-41 Z 方向速度散点图

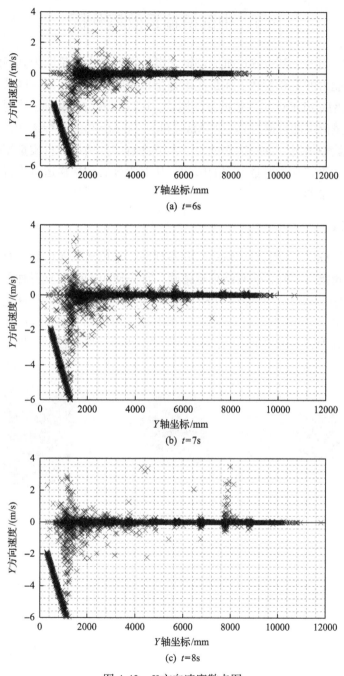

(a) $t=6$s

(b) $t=7$s

(c) $t=8$s

图 4-42　Y 方向速度散点图

4.4　中部槽输运效率分析

在单位时间内，刮板输送机能够输送煤散料的最大质量即为其额定输送量，是衡量输送能力的重要参数。质量流率是指单位时间内通过某一区域的所有颗粒的总质量。借助 EDEM 软件数据分析模块，用以观看仿真动画、绘制图表及输出数据。而质量流率即可通过其中的 Mass Flow Sensor 功能进行统计，用于研究中部槽的实际运输情况，反映输送能力。本节针对中部槽煤散料质量流率有所影响的一些因素，研究它对质量流率的影响，从而为今后刮板输送机进行结构优化设计及使用提供参考。

4.4.1　模型改进

在综采过程中，煤散料颗粒形状并不规则，采用离散元仿真时所建立的煤散料颗粒模型越接近实际，仿真结果越精确。首先使用 UG 建立三种不同形状结构的颗粒模型(图 4-43(a))并保存为 STP 格式，然后导入 EDEM 软件进行多球体填充(图 4-43(b))。将颗粒命名为颗粒 1、颗粒 2、颗粒 3，通过 EDEM 软件自动获取颗粒质量分别为 0.01769kg、1.390kg 及 17.528kg，将煤颗粒的生成速率设置为

(a) 煤颗粒的三维模型

(b) 填充后的煤颗粒模型

图 4-43　煤颗粒模型

230kg/s，设置三种煤料颗粒的数目之比约为 260∶133∶13。仿真中忽略采煤机牵引速度，将颗粒工厂运动速度 V_q 设定为 0，仿真时间为 15s，网格大小为 6Rmin。

4.4.2 输运效率影响因素

质量流率是指单位时间内通过某一区域的所有颗粒的总质量。将一个质量流率计算器设置在中部槽靠近末端的位置，进行质量流率统计，用于反映输运效率。

在使用 EDEM 软件进行分析时，它的计算空间是一个圆柱形区域，用式(4-1)表示单个时间步长内的质量流率：

$$m_z = \frac{\sum [m_i(v_i \cdot l_0)]}{l} \tag{4-1}$$

式中，m_z 为质量流率的大小；m_i 为该圆柱空间内颗粒 i 的质量；v_i 为颗粒 i 在该时刻的速度矢量；l_0 为沿着该圆柱体高的一个单位矢量；l 为圆柱体的高。

在 EDEM 软件后处理模块的 Selection 界面下，添加选择 Mass Flow Sensor。在类型过滤器(Type Filter)的下拉菜单中选择 All Particles 和 No Geometry。将圆柱形计算空间底面的半径设置为 1000mm，边数设置为 50，矢量方向的起点坐标为(589,199,–2800)，终点坐标为(589,199,–4800)。单击开始仿真，结束后对输出质量流率的统计数据进行分析。

本节采用控制变量法，分别探究刮板链速、煤颗粒与中部槽之间的静摩擦系数、煤颗粒粒度以及铺设倾角等因素对质量流率的影响，由此可得到对刮板输送机输运效率的影响规律。

1. 刮板链速对输运效率的影响

研究刮板链速对输运效率的影响，仿真参数设置为：颗粒生成速率为230kg/s，中部槽铺设倾角为 0°，研究刮板链速分别为 0.5m/s、0.8m/s、1.1m/s、1.4m/s 和 1.7m/s 时质量流率的变化，结果如图 4-44 所示。

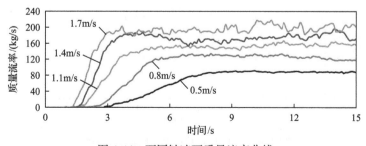

图 4-44 不同链速下质量流率曲线

分析认为，链速越大，质量流率初始增长速度越大，且随着链速增大，稳定期的质量流率增大，相对波动也增大。由此可知，刮板链速对质量流率的影响显著，链速越大，质量流率越大。

2. 煤颗粒与中部槽之间的静摩擦系数对输运效率的影响

煤的种类、粒度及含水量等因素会影响煤和钢之间的静摩擦系数 μ，通常 μ 的取值范围为 $0.2 \sim 1.2$[141]。研究静摩擦系数 μ 对刮板输送机输运效率的影响，仿真参数设置为：颗粒生成速率为 230kg/s，刮板链速为 1.1m/s，研究静摩擦系数 μ 分别为 0.2、0.4、0.6 和 0.8 时质量流率的变化，结果如图 4-45 所示。

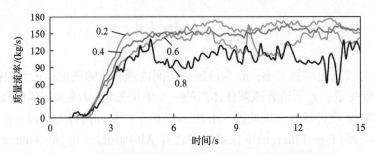

图 4-45　不同静摩擦系数（煤颗粒-中部槽）下质量流率曲线

分析认为，散料与中部槽之间的静摩擦系数 μ 越小，质量流率初始增长速度越大，然后逐渐进入稳定期，且随着 μ 减小，稳定期的质量流率增大，相对波动也增大。由此可知，μ 越小，质量流率越大，输运效率越高。

3. 煤颗粒粒度对输运效率的影响

研究煤颗粒粒度对刮板输送机输运效率的影响，仿真参数设置为：铺设倾角为 0°，刮板链速为 1.1m/s，选择单一颗粒类型颗粒 3，研究粒度分别为颗粒 3 原始尺寸的 1/10、1/5 和 2/5 时质量流率的变化，结果如图 4-46 所示。

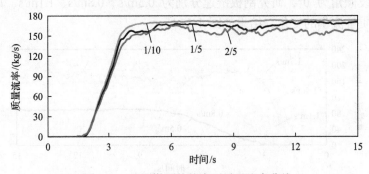

图 4-46　不同煤颗粒粒度下质量流率曲线

分析认为，颗粒粒度越小，质量流率稳定值越大，而波动性随着粒度的减小而减小，由图可知，三种不同粒度的颗粒质量流率均稳定在 150～180kg/s。由此可知，颗粒粒度越小，质量流率越大，但粒度差异对质量流率的影响并不显著。

4. 铺设倾角对输运效率的影响

综采工作面的复杂性导致实际作业中刮板输送机与水平面之间存在夹角，一般不超过 10°。研究铺设倾角对刮板输送机输运效率的影响，仿真参数设置为：刮板链速为 1.1m/s，研究铺设倾角分别为–10°(运输方向斜向下，与水平面呈 10°夹角)、0°(运输方向沿水平方向)以及 10°(运输方向斜向上，与水平面呈 10°夹角)时质量流率的变化，结果如图 4-47 所示。

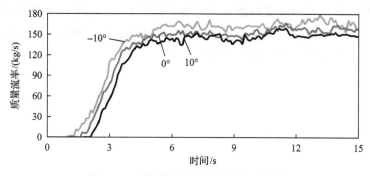

图 4-47 不同铺设倾角下质量流率曲线

分析认为，铺设倾角越小，质量流率稳定值越大。由图可知，三种铺设倾角的颗粒质量流率均稳定在 130～170kg/s。由此可知，铺设倾角越小，质量流率越大，但铺设倾角变化对质量流率的影响并不显著。

综上分析可以得出以下结论：在本次研究中，中部槽的输运效率随着刮板链速的增大而增大，随着煤颗粒与中部槽之间的静摩擦系数、煤颗粒粒度及铺设倾角的增大而减小。另外，相对于颗粒粒度及铺设倾角，刮板链速及静摩擦系数(煤-中部槽)对输运效率的影响更为显著。

4.5 本 章 小 结

本章主要内容如下：

(1)对运动件链轮与链环进行了运动学分析。

(2)以煤散料和刮板输送机中部槽为研究对象，利用 EDEM 软件，对煤散料在刮板输送机中部槽内不同工况下的运动情况进行模拟，针对不同工况以及所要实现的模拟目的进行相应的参数设定，并完成相关模拟仿真，得到相应的模拟结果。随后利用 EDEM 软件后处理模块进行分析研究，得到了煤散料颗粒在平稳工况下的粒径分布特点和速度分布特点，同时也得到了不同工况下煤散料的运动特点。

(3)利用 EDEM 软件，建立离散元分析模型，假定模拟工况，设置仿真参数和边界条件，进行仿真计算，最后获得煤散料大量的复杂行为信息和难以测量的颗粒尺度信息。由仿真结果分析煤颗粒的分布状态、流态、速度随时间和位置的变化情况、分布区域等，由煤颗粒尺寸微观信息可以详尽地揭示煤散料在刮板输送机中部槽内的运输状态。

(4)研究了刮板输送机刮板链速、煤颗粒与刮板输送机中部槽之间的静摩擦系数、煤颗粒粒度以及铺设倾角等因素对刮板输送机输运效率的影响规律，表明刮板输送机的输运效率随着刮板链速的增大而增大，并且影响效果非常显著；随着煤颗粒与中部槽之间的静摩擦系数的增大而减小；随着煤颗粒粒度及中部槽铺设倾角的增大而减小，但影响效果并不显著。

第5章 重型刮板输送机刚散耦合系统动力学

5.1 重型刮板输送机动力学仿真分析

动力学的目的是探索和分析在外力的作用下机构的动力学响应，主要包括机械系统的速度、机械系统的加速度以及相应的位置，还有在其运动的过程中各种力的变化情况。实际工作中，重型刮板输送机经常会有频繁的带载启动，启动困难是刮板输送机存在的突出问题，也一直是影响刮板输送机可靠运行的薄弱环节。研究启动问题，链轮与链条是刮板输送机主要运动件，因此链轮与链条是动力学分析的重点。

5.1.1 链轮动力学

1. 驱动链轮动力学仿真与分析

在动力学分析中，链条运动方向为 X 方向，链轮轴线方向为 Z 方向，垂直于链轮 XOZ 的方向为 Y 方向。图 5-1 为链轮与链条接触过程中在 X 与 Y 方向上接触力的变化，可以看出，在接触瞬间首先有大的冲击力，然后接触力迅速减小再逐渐增加，最后缓慢降低直至为零。同时分析在 t=1.5s 时的链轮受力情况发现，链轮在 t=1.5s 时只有 3 个链条与链轮产生接触力，而同时接触的 5 个平环中必有 2 个平环处于接触力非常小的状态。

2. 链轮柔体动力学仿真与分析

对多刚体系统进行动力学分析时，将系统中各个构件看成刚体[143]，刚体会产生一定的弹性变形，但是其对整个系统所产生的影响无法进行分析。考虑到部分机械系统中存在柔性体，且必须考虑柔性体的变形对动力学行为的作用，还有对刚体进行仿真时所产生的结果也存在一定的误差，鉴于此，应将动力学系统中一部分起主要作用的构件看成柔性体，建立刚性与柔性相结合的动力学仿真模型，然后进行动力学分析，为研究传动部件的疲劳分析提供载荷条件[144]。

1)柔性体的生成方法简介

在 ADMAS 仿真软件中，一共提供了三种建立柔性体的方法，通常按照零件的特点选用不同的方法。对于简单外形的零部件，应当直接生成相应的柔性体；而对于结构较为复杂的构件，通常应当优先创建它的刚性体，其次用网格模式对刚性体进行划分。以上构建柔性体的方法步骤如下：

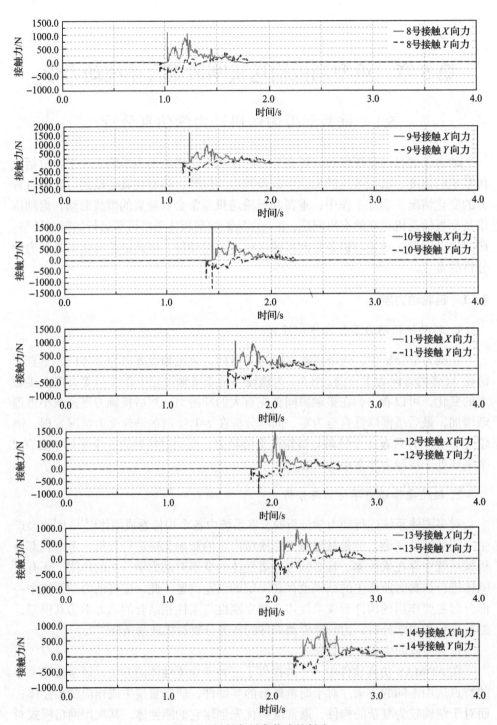

图 5-1 链轮与链条依次接触力

（1）将一个刚性体划分为若干小段，每一个小段与小段之间使用柔性梁进行连接。用此种方式的本质是通过柔性连接刚性体，但其实只是进行微分，并不是真正的柔性体。

（2）借助于有限元分析的软件，首先利用 ANSYS 软件的网格划分功能，将全部部件进行划分，其次分析计算其模态。将其结果以模态中性的文件导出[145]，然后导入 ADAMS 软件，并创建相应的柔性体。

（3）应用 ADAMS 中的 AutoFlex 模块，在 ADAMS 环境中直接建立柔性体的"mnf"文件[146]，利用新创建的柔性体代替原来的刚性体。

2）在 ANSYS 软件中生成柔性体

在 ANSYS 软件中生成柔性体具体步骤如下：

（1）应用 UG 建模软件建立重型刮板输送机链轮的三维实体模型，由于链轮比较复杂，在不影响仿真分析的基础上，建模时可以进行适当的简化。链轮为双链传动，对链轮进行切分，只对一条圆环链和链轮接触进行分析，如图 5-2 所示。

（2）建模结束后，利用 UG 中的 Parasolid 将格式导出为"x_t"格式。

（3）在 ANSYS 中导入第（2）步中的"x_t"格式文件，然后在 ANSYS 程序中定义其单元类型，并对材料的密度、弹性模量及泊松比等进行参数设置。

（4）对链轮进行网格划分采用直接划分的方法，网格划分后的模型如图 5-3 所示。

图 5-2　链轮三维实体模型图

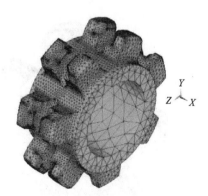

图 5-3　链轮划分网格

（5）完成链轮的网格划分后，创建两个"关键点"于链轮轴心两端，并进行网格划分，选择 mass21 的质量单元，划分成功后的关键点会在其相对应的位置生成与之对应的"节点"。

（6）创建链轮的刚性区域，刚性区域是在 ADAMS 中和外界连接的不变形区域。本节选择链轮内圆面为刚性区域，首先选择链轮内部圆面，再选择圆面上的所有节点，在 ANSYS 界面上显示所建的两个节点和圆面上的节点。选择 preprocessorcoupling/ceqn-rigid region，在弹出的对话框中选择所建的节点，然后选择内圆面上的节点，就可以生成如图 5-4 所示的刚性区域。

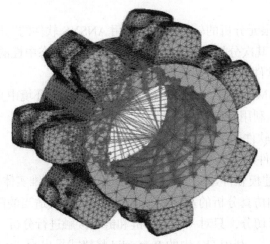

图 5-4　链轮刚性区域

（7）输出生成 ADAMS 所需的柔性体"mnf"文件，在 ANSYS 中执行 solution-ADAMS connection-Export to ADAMS 命令，就可以得到如图 5-5 所示的对话框，设置单位为 m-kg-s，显示应力和应变，输出即可得到"mnf"目标文件。

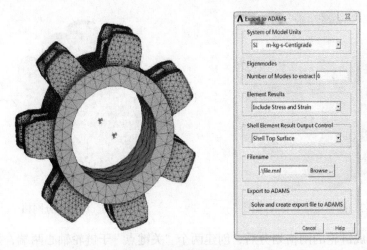

图 5-5　输出生成模态文件

3）柔性体的生成

在 ADAMS 软件中打开已建好的刚性链传动动力学仿真模型，用已做好的柔性体链轮替换刚性体链轮，替换以后，原来的接触约束被删掉，需要重新对链轮进行约束和载荷的加载，主要由链轮和圆环链施加接触，对链轮施加速度驱动，加载方法和刚性体仿真类似，接触类型选择柔性体和刚体（Flex Body to Solid），加载以后对所建模型进行检查，检查无误后，即可得到如图 5-6 所示的刚柔耦合仿真模型。

图 5-6　刚柔耦合仿真模型

利用速度驱动控制相应的驱动链轮，同时其运动速度采用 step 函数控制，此处的 step 函数为 step（time,0,0,0.6,230d）+step（time,1.4,0,2,–230d），将仿真时间设定为 2s，仿真步数设定为 200 步，驱动链轮运动曲线如图 5-7 所示。

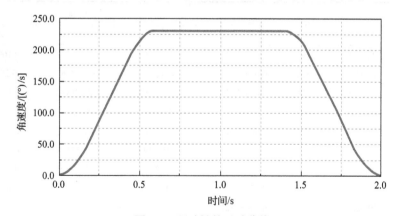

图 5-7　驱动链轮运动曲线

利用上面的步骤重新定义链轮的接触，对链轮施加和大地的旋转约束，对链轮施加速度运动驱动，驱动速度与图 5-7 运动曲线一致。通过仿真得到以下结果（图 5-8 和表 5-1）。

由图 5-8 可以得出，传动系统从带载启动到平稳运行，链轮接触点的部分链齿处应力改变显著，在齿根处能够发现明显的应力变化，说明受力的节链轮齿所在的节点受到的应力比其他部分大。由表 5-1 可以看出，在整个运转过程中，链

轮上所受应力最大的两个节点 ID 分别为 2718、2559，其最大应力大约在 11MPa
附近波动。

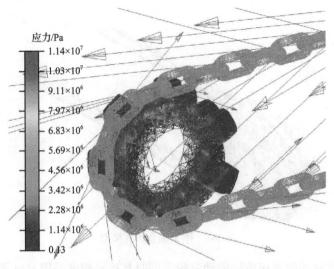

图 5-8　传动系统正常运行时应力分布图

表 5-1　链轮柔性体中应力最大的 10 个节点

节点	应力/MPa	ID	时间/s	坐标/m		
				X	Y	Z
1	11.389	2718	0.00457527	−0.0312702	−0.0312702	0.109827
2	10.9851	2559	0.00457527	−0.140099	−0.140099	0.26247
3	10.896	453	0.00457527	−0.0271892	−0.0271892	0.112717
4	10.8258	8707	0.00457527	−0.0333501	−0.0333501	0.107233
5	10.7088	430	0.00457527	−0.139814	−0.139814	0.237463
6	10.4917	8724	0.00457527	−0.0312148	−0.0312148	0.109882
7	10.4718	5855	0.00457527	−0.030931	−0.030931	0.114918
8	10.3779	471	0.00457527	−0.139814	−0.139814	−0.121151
9	10.2289	2869	0.00457527	−0.140102	−0.140102	−0.116187
10	10.1387	9033	0.00457527	−0.140045	−0.140045	−0.11573

　　图 5-9 为在传动系统整个运行过程中应力最大的两个节点的应力变化曲线。
由变化曲线可以看出，在传动系统启动瞬间，与圆环链一样，链轮受到强大的冲
击，链轮上的节点应力在启动瞬间达到最大值，其值大约是稳定运行时的 2 倍。
图 5-10 为柔性体节点应力最大值对应的位置。由图可以看出，在链轮从启动到
正常运行的过程中，应力最大位置出现在链轮齿根处，从齿根到链窝应力变化
最明显。

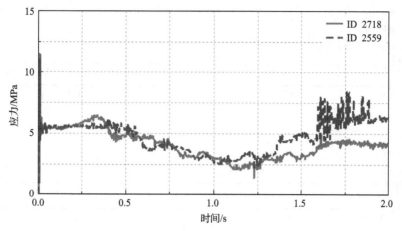

图 5-9　最大应力节点 ID 2718、2559 应力变化曲线

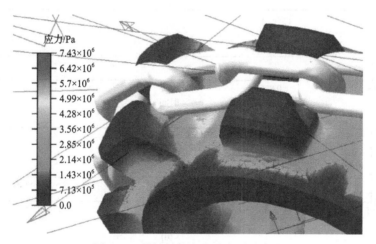

图 5-10　柔性链轮应力最大时的位置

5.1.2　链环动力学

1. 链环刚体动力学仿真与分析

在链环刚体动力学仿真分析中，将单个链条作为刚体进行分析，但是链环之间是依靠接触实现的约束，所以整个链条将以柔性体的特征出现，图 5-11 为在力的传递过程中链条之间的接触力。由图可以看出，链环之间的接触力在启动阶段变化比较剧烈，而在稳定运行阶段接触力变化较小。

2. 链环柔体动力学仿真与分析

建立圆环链柔性体的过程与链轮柔性体的过程一样，利用 ANSYS 建立相应的圆环链模态中性文件(modal neutral file)，导出后的"mnf"文件能够在 ADAMS

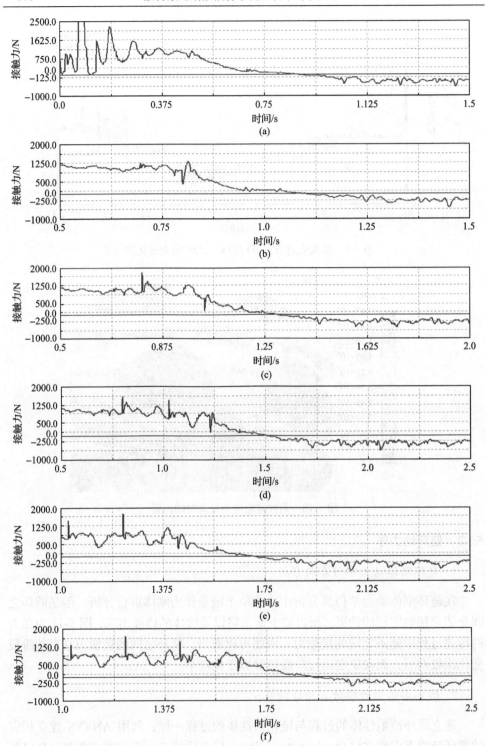

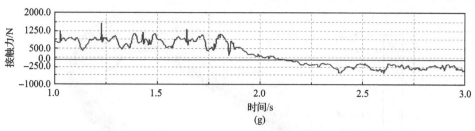

图 5-11　链环与链环的接触力

中直接将所创建的柔性体代替为刚性体，同时刚性体的载荷与运动副等将自动转移到柔性体上，柔性体上的 Marker 点也会自动转移到与柔性体最近的节点上。将刚性体用已建立好的柔性体替换以后，圆环链和其他构件之间所添加的接触会自动删除，同时需要重新添加柔性体圆环链和其他构件之间的接触，其余条件保持一致。创建好的刚柔耦合模型如图 5-6 所示。

　　柔性体中应力最大的 10 个节点参数如表 5-2 所示。由表可以看出，重型刮板输送机传动部件在稳定运行时，柔性体的应力在节点 ID 为 119 处出现最大值，最大值约为 418MPa。

表 5-2　柔性体中应力最大的 10 个节点参数

节点	应力/MPa	ID	时间/s	坐标/m		
				X	Y	Z
1	417.599	119	1.2	−0.314582	0.039413	−0.890844
2	417.429	1409	0.00516569	−0.357699	0.0332818	−0.887478
3	404.115	1569	0.00516569	−0.355797	0.0205445	−0.989696
4	399.506	1201	1.2	−0.313207	0.0408564	−0.887039
5	389.987	1413	0.00516569	−0.357493	0.022995	−0.886123
6	367.515	118	1.2	−0.311267	0.0422293	−0.890844
7	367.037	1415	0.00516569	−0.357567	0.0343408	−0.883237
8	365.547	1572	0.00516569	−0.355387	0.0341782	−0.989347
9	361.829	1536	0.00516569	−0.356919	0.0295612	−0.982344
10	354.556	1537	0.00516569	−0.357857	0.0337527	−0.982369

　　圆环链应力最大时刻应力云图和应力最大时刻柔性平环对应的位置分别如图 5-12 和图 5-13 所示。由图 5-12 和图 5-13 可以看出，在刮板输送机正常运行的情况下，圆环链进入链轮和链窝啮合时，柔性体圆环链出现应力最大位置点，应力最大值为 418MPa。应力最大位置发生在圆环链由弯曲段向直段的过渡位置。由圆环链应力云图可以看出，在刮板输送机正常工作状态下，内侧应力比外侧明显大。

　　图 5-14 显示，在传动系统带载启动瞬间，节点 ID 119 和节点 ID 1409 应力突然增大，应力大于 400MPa，说明圆环链这时受到强大的冲击力；在稳定运行时，

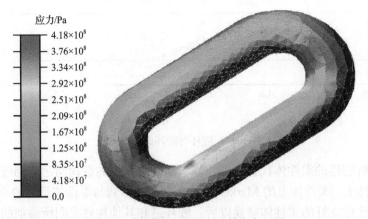

图 5-12　圆环链应力最大时刻应力云图

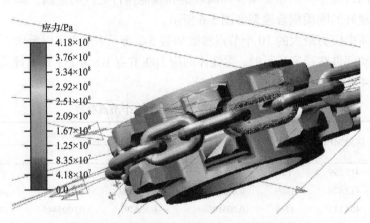

图 5-13　应力最大时刻柔性平环对应的位置

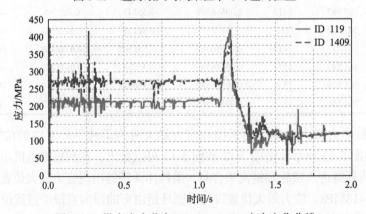

图 5-14　最大应力节点 ID 119、1409 应力变化曲线

两个节点的应力呈现明显的波动，波动范围在 125～400MPa。两节点应力最大值出现在圆环链进入链轮链窝和链轮开始啮合过程中，这是链轮的扭矩通过与圆环

链的接触传递拉力，链轮对圆环链的强大冲击使柔性体上各节点产生比较大的应力，最大应力为 418MPa。

5.1.3 整机动力学

重型刮板输送机属于支撑部件，在支撑采煤机割煤以及运送煤层的过程中，链轮与链条为运动的主要部件，其余部件运动过程忽略不计。建模与静力学建模相似，增加了截割过程中来自煤壁的作用力。模型计算如图 5-15 所示。图中，V 为采煤机运行速度；G 为采煤机所受重力；T_1、T_2 分别为左、右滚筒所受等效外力矩；P_{1y}、P_{2y} 分别为左、右滚筒所受等效径向力；P_{1z}、P_{2z} 分别为左、右滚筒所受等效轴向力；f_{1p}、f_{2p} 分别为左、右平滑靴所受摩擦力；N_{1p}、N_{2p} 分别为左、右平滑靴所受销轨的支撑力；f_{1d}、f_{2d} 分别为左、右导向滑靴所受摩擦力；N_{1d}、N_{2d} 分别为左、右导向滑靴所受销轨的支撑力；T_{11}、T_{22} 分别为左、右驱动轮所受阻力矩。

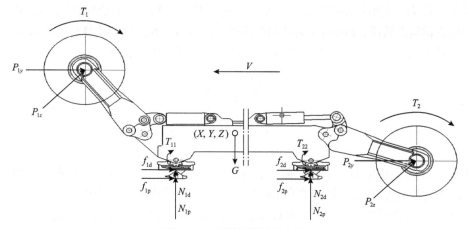

图 5-15　采煤机等效受力图

为了研究采煤过程中重型刮板输送机相关部件的受力响应，需要分析刮板输送机所受的全部外载荷。采煤机作为刮板输送机负载的主要部分，其受力情况间接影响刮板输送机的受力情况，因此需要对采煤过程中的采煤机受力情形进行详细分析，进而作为负载输入刮板输送机。采煤机的受力简图如图 5-15 所示，假设其在采煤过程中所受的外力和外力矩均为常值。

由图 5-15 可见，平滑靴、导向滑靴、驱动轮与刮板输送机直接接触，它们所受的力可以在动力学分析软件 ADAMS 中用定义接触力和摩擦力的方式处理；重力通过定义采煤机质量和质心位置的方式处理；左、右滚筒上所受的等效力是本章所要分析的重点。经理论分析可知，滚筒所受的力可以分解为一个轴向力、一个径向力和一个力矩，采煤机在实际运行过程中，这些力或力矩都是时变的，为了简化分析，本节分析时取采煤机正常运行时间段内的平均值作为等效力或力矩施加在滚筒上。

利用实际测量的方法得到采煤机平稳工作时所承受的力,具体过程为:①对截割电机的电流进行直接测量;②输出截割电机的输出扭矩;③截割部末端滚筒上所受的力和力矩通过理论知识推导得出。

研究采用电压为 3300V,转速为 1480r/min 的采煤机截割电机,传动比为 56 的截割部。实际测量得到的左截割电机的平均工作电流为 330.75A,右截割电机的平均工作电流为 186.75A。

根据理论分析有如下结论可用:

$$T_Z = \frac{9550 \times \sqrt{3}IU\cos\varphi}{1000n} \tag{5-1}$$

$$T_{1/2} = T_Z \times i \tag{5-2}$$

式中,T_Z 为截割电机输出扭矩,N·m;I 为电流强度,A;U 为截割电机电压,V;n 为电机轴输出转速,r/min;i 为截割部传动比;$\cos\varphi$ 为电机功率因数,一般取 0.8。

径向力(推进阻力)和轴向力(侧向力)的计算参照以下公式:

$$P_y = \frac{T(47\% \sim 59\%)}{1 + K_1} \tag{5-3}$$

$$P_z = \frac{P_x L_k K_2}{J} \tag{5-4}$$

式中,P_x 为简化集中后的截割阻力,N;P_y 为简化集中后的径向力(推进阻力),N;P_z 为简化集中后的轴向力(侧向力),N;T 为采煤机最大牵引力,N;K_1 为后前滚筒的截割阻力之比,一般在 0.2~0.8;K_2 为考虑滚筒端盘部分接近半封闭截割条件的系数,一般取 2;L_k 为滚筒端盘部分截齿的截割宽度,m;J 为滚筒有效截深,m。

经上述理论推导,可得出如表 5-3 所示的结论。

表 5-3　采煤机左、右滚筒所受载荷数据

滚筒	径向力(推进阻力)/kN	轴向力(侧向力)/kN	阻力矩/(kN·m)
左滚筒	314.1	47.56	308.56
右滚筒	314.1	84.24	546.49

5.2　中部槽应力与变形特性

考虑到在煤散料自身内部及煤散料与中部槽之间均存在复杂的相互作用关

系，通过简单的连续介质理论已无法得到所需的有用信息，采用这种方法所获得
的结果也可能不够精确。离散元法在分析散体领域存在一定的优势，而有限元法
在处理连续介质领域也发展得很好，所以利用离散元法与有限元法耦合的方式来
分析散料和设备的相互作用，可以最大化地使这两种方法得以应用，得到更为真
实的结果。本节通过研究离散元软件 EDEM 与有限元软件 ANSYS Workbench 耦
合的方法，构建相关的耦合模型进行仿真，分析在输送过程中煤散料对中部槽的
冲击与摩擦作用所造成的应力和变形特性。

通过研究煤散料在中部槽上的作用力变化，得到作用力随时间变化的曲线，
如图 5-16 所示。观察图 5-16 可以得到，总的作用力在 0～3s 增长幅度较大，随后
在有限的范围内上下浮动，且浮动较为明显；在竖直方向上的作用力小于输送方
向上的作用力，而且变化情况和总的作用力大致相同。

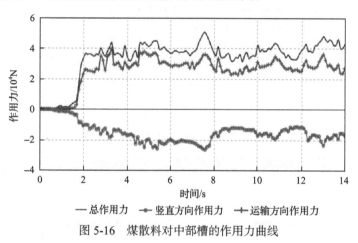

图 5-16　煤散料对中部槽的作用力曲线

5.2.1　离散元与有限元联合仿真

通过离散元分析可以得到更能反映实际情况的煤散料对中部槽的作用力，为
有限元分析提供一定的基础，具体步骤如下。

（1）打开 EDEM 软件中的后处理模块，在 File 选项中的 Export 下拉菜单中采
用 ANSYS Workbench Data，弹出的窗口如图 5-17 所示。设定 Timestep Selection
的起始时间和结束时间，通过在 Force and Pressure Export 中勾选目标结构体，选
取导出 Force 文件或者 Pressure 文件，输入文件的名字和保存的位置，勾选 Orient
and transpose to initial CAD position，单击 Export，并导出所需的力文件。

（2）在 ANSYS Workbench 中，同时打开 EDEM 和 Static Structural 的分析栏，
将 EDEM 中的 Results 与 Static Structural 的 Setup 相结合，如图 5-18 所示；同时
在 EDEM 中的 Results 中导入煤散料对中部槽的力文件(Force 文件或者 Pressure

文件）；在 Engineering Data 一栏中，根据表 5-4 选取中部槽的材料属性；在 Geometry
一栏中，选择 import 选项，导入简化的刮板输送机三维模型，并且将刮板链隐藏；
随后选择 Model 选项，将网格划分方式设定为自动划分（Automatic），网格单元边
长设定为 30mm，并进行网格划分。

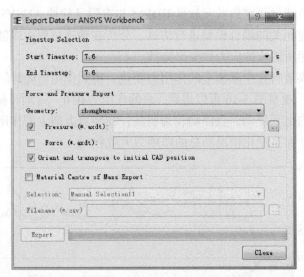

图 5-17　ANSYS Workbench 数据输出设置窗口

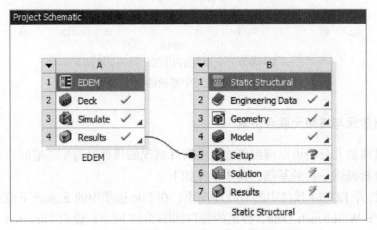

图 5-18　EDEM 与 Static Structural 的耦合关系

表 5-4　中部槽和刮板链的材料属性参数

材料名称	泊松比	剪切模量/10^{10}Pa	密度/(kg/m³)
钢	0.3	7	7800

（3）添加煤散料对中部槽的作用力，选定载荷的施加面为中部槽槽内全部的

面，并选定中部槽底板的下表面为固定约束，接着就可以进行计算求解与分析。

5.2.2　中部槽应力及变形结果

通过观察图 5-16 能够发现，煤散料对中部槽的最大作用力发生在 7.6s，所以要获得煤散料对中部槽的冲击与摩擦作用的相关情况应当优先选择 7.6s 这一时刻，并输出这一时刻的作用力（Pressure）文件，随后设定好所需要的全部参数，最后进行计算。分析仿真所得到的结果，能够获得在输送的途中因煤散料的冲击与摩擦作用所引起的中部槽应力云图（图 5-19（a））和变形云图（图 5-19（b））。

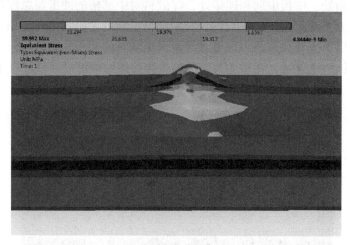

(a) 应力云图

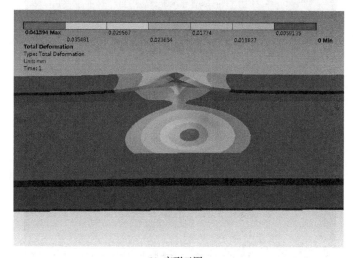

(b) 变形云图

图 5-19　7.6s 时刻中部槽应力与变形云图

分析所得到的结果可以发现，在 E 形槽帮上端的拐角处应力达到最大值，其值为 39.952MPa，在许可的界限以内；E 形槽帮上端的边缘处变形量达到最大值，其值为 4.1394×10^{-2}mm，方向向上。与此同时，在中板的中部，也存在变形量较大的部分，方向向下，但均在许可的界限以内。

为了进一步探索煤散料对中部槽的冲击与摩擦作用所引起的应力和变形特性，用离散元与有限元耦合的方法分析 10~12s 的仿真结果，能够获得每个时刻下中部槽的应力云图(图 5-20)和变形云图(图 5-21)。

通过观察分析图 5-19(a)和图 5-20 可知，在刮板输送机运行过程中，其槽帮与上端的拐角处、中板中部和连接处，煤散料对中部槽的冲击与摩擦作用所引起的应力都较大，其值在 0~100MPa，与中部槽材料的屈服强度相比相差甚远。一方面，因为以上位置大多是中部槽直接受到煤散料的冲击和变形比较大的位置，所以在对其结构设计时，必须使与煤散料直接接触的中部槽部位具有足够的耐磨

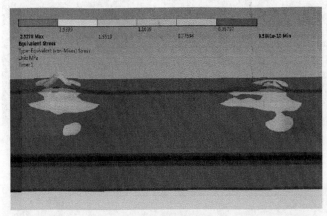

(a) 10s时刻

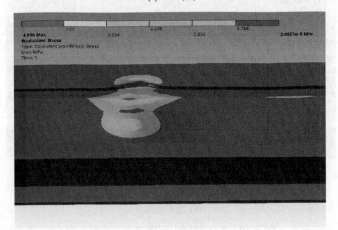

(b) 11s时刻

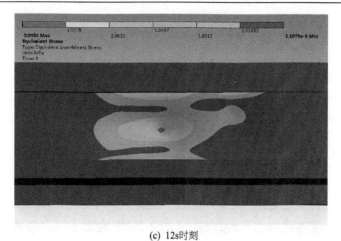

(c) 12s时刻

图 5-20 中部槽的应力云图

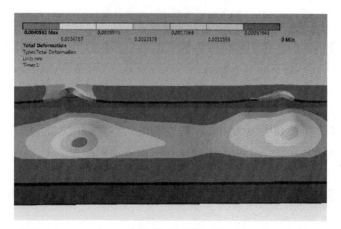

(a) 10s时刻

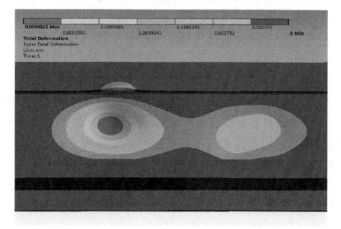

(b) 11s时刻

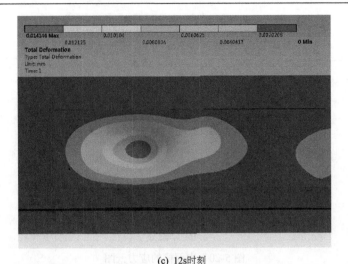

(c) 12s时刻

图 5-21　中部槽的变形云图

性与强度；另一方面，在中部槽变形较大的部位还应使用一定的圆角设计以减小应力集中。

　　通过分析图 5-19(b)及图 5-21 能够发现，刮板输送机运行过程中，在其槽帮上端的边缘处和中板的中部，煤散料对中部槽的冲击与摩擦作用所引起变形量达到最大值，其值在 0.001~0.05mm，均在许可的界限以内，而且中部槽上的其他部件刚度都要比 E 形槽帮上端的边缘处与中板中部的刚度大。

5.3　变因素下刮板输送机中部槽磨损分析

　　刮板输送机是煤矿综合机械化采煤的主要设备之一，中部槽是其关键构件，因为矿山的井下运行环境较为复杂，所以在中部槽上通常会存在一定的磨损失效。鉴于此，仿真一般工况下刮板输送机运输煤散料，利用 EDEM 软件中的 Relative Wear 与 Hertz-Mindlin with Archard Wear 两种磨损分析模型分析多种工况，如上下山、不同刮板链的速度和物料堆积等对中部槽磨损量的影响。此外，煤散料存在不同的硬度，煤颗粒的粒度也存在一定的差别，煤的含矸量、散料与散料间的静摩擦系数也不一致，因此本节结合实际情形，利用 EDEM 软件建立相关的煤颗粒和散料的模型，并探究以上因素对中部槽磨损量的影响规律。本节还在煤散料运输仿真的基础上，在 ANSYS Workbench 软件中导入离散元仿真结束后的文件，并建立相关的耦合分析项，将中部槽的磨损区域进一步细化分析，获得磨损区域的磨损规律，分析所获得的结果能够为刮板输送机中部槽的结构优化和磨损优化等研究提供指导。

5.3.1　刮板输送机输运工况对中部槽磨损的影响

1. 上下山工况对中部槽磨损量的影响

通常在上下山工况下，刮板输送机中部槽存在 0°～15°的铺设倾角。为了模拟真实的情况，在 EDEM 软件中将刮板输送机的运量设置为 330kg/s，磨损常数设置为 1.5×10^{-12}m^2/N，刮板链的速度设置为额定速度 1.1m/s，中部槽的铺设角度设置为–10°、0°、10°，仿真时间设置为 13s，获得的三种铺设倾角下中部槽的磨损深度曲线如图 5-22 所示。通过观察图 5-22 能够得到，中部槽的平均磨损深度起伏上升。在铺设倾角为–10°时，中部槽的平均磨损深度增长幅度最大，即此时磨损比较严重；铺设倾角为 0°时，平均磨损深度中等；铺设倾角为 10°时，磨损最轻。

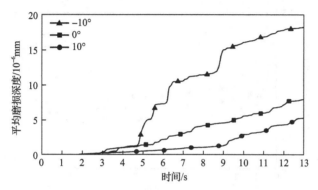

图 5-22　三种铺设倾角下中部槽的磨损深度曲线

煤颗粒在 t=7s 时的速度矢量图如图 5-23 所示。矢量的方向代表煤颗粒的运动方向，不同颜色代表不同的颗粒速度。由图 5-23 可知，中部槽上的煤散料分为两个部分，即碰撞加速区(简称加速区)和速度稳定区(简称稳定区)。在加速区内，磨损通常是由煤散料对中部槽的剧烈撞击导致的，刮板链的运动带动煤散料加速。通过观察图 5-24 能够获得，当铺设倾角为–10°时，煤散料在输送方向上的均速最大值为 2.3m/s；当铺设倾角为 0°时，煤散料在输送方向上的均速最大值为 1.9m/s；当铺设倾角为 10°时，煤散料在输送方向上的均速最大值为 1.7m/s。煤散料对中部槽碰撞程度随着速度的增大而增加，磨损深度随着加速度的增大而增大，即在下山工况下，因为煤散料对中部槽的碰撞更为剧烈，故磨损更为严重。在稳定区内，煤散料的速度与方向几乎不存在波动。由图 5-24 还能看出，当铺设倾角为–10°时，煤散料在输送方向上的均速稳定在 1.1m/s 左右；当铺设倾角为 0°时，煤散料在输送方向上的均速稳定在 0.9m/s 左右；当铺设倾角为 10°时，煤散料在输送方向上的均速稳定在 0.75m/s 左右，即在下山工况下，中部槽的平均磨损深度随着二者相对速度的增大而增大。

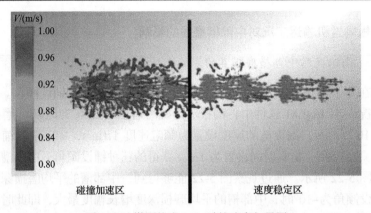

图 5-23　煤颗粒在 t=7s 时的速度矢量图

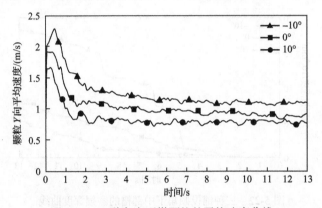

图 5-24　三种角度下煤颗粒的平均速度曲线

　　三种铺设倾角下的中部槽质量流率曲线如图 5-25 所示。质量流率代表每秒内中部槽的过煤量。分析图 5-25 能够得到，当铺设倾角为–10°时，中部槽的质量流率平稳值在 130kg/s 左右；当铺设倾角为 0°时，中部槽的质量流率平稳值在 115kg/s 左右；当铺设倾角为 10°时，中部槽的质量流率平稳值在 100kg/s 左右。在下山工

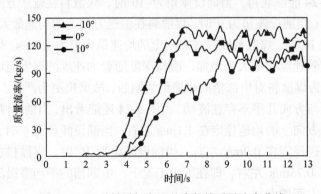

图 5-25　三种铺设倾角下的中部槽质量流率曲线

况下，质量流率相较于铺设倾角为 0° 时增长了大约 13%，相较于铺设倾角为 10° 时增长了大约 30%。在下山工况下，同等时间内通过中部槽的煤散料质量较大，则平均磨损深度也不断增大。

2. 刮板链速对中部槽磨损量的影响

研究时采用额定刮板链速为 1.1m/s 的某重型刮板输送机。由于刮板链速是关键参数，为了探究刮板链速对中部槽磨损量的影响规律，本节将刮板输送机的运量设置为 330kg/s，铺设倾角设置为 0°，磨损常数设置为 1.5×10^{-12} m²/N，刮板链速依次设置为 0.8m/s、1.1m/s、1.4m/s 和 1.7m/s。获得四种刮板链速下中部槽的平均磨损深度曲线，如图 5-26 所示。通过观察分析图 5-26 能够得到，中部槽平均磨损深度起伏上升，磨损深度与链速成正比，且影响较为显著。

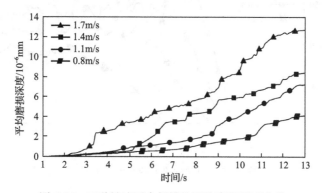

图 5-26　四种链速下中部槽的平均磨损深度曲线

四种链速下煤颗粒的平均速度曲线如图 5-27 所示。通过观察图 5-27 能够得到，煤散料在中部槽上的输送速度稳定以后，煤颗粒在输送方向上的均速随链速的增大而增大，也就是中部槽的平均磨损深度随着煤颗粒与中部槽相对速度的增大而增大。

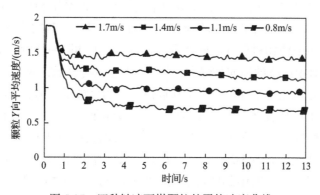

图 5-27　四种链速下煤颗粒的平均速度曲线

四种链速下的质量流率曲线如图 5-28 所示。通过观察图 5-28 能够得到，当链速为 0.8m/s 时，刮板输送机的质量流率平稳值在 80kg/s 左右；当链速为 1.1m/s 时，质量流率平稳值在 100kg/s 左右；当链速为 1.4m/s 时，质量流率平稳值在 125kg/s 左右；当链速为 1.7m/s 时，质量流率平稳值在 160kg/s 左右，质量流率相较于链速为 1.4m/s 时增长了 28%，相较于链速为 1.1m/s 时增长了 60%，相较于链速为 0.8m/s 时增长了 1 倍。因此，刮板输送机的质量流率随着刮板链速度的增加而增加，也就是在同等时间内，中部槽的平均磨损深度随着通过其上的煤颗粒质量的增大而增大。

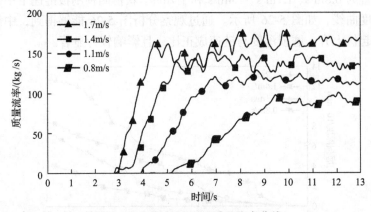

图 5-28　四种链速下的质量流率曲线

3. 物料堆积工况对中部槽磨损量的影响

在以往煤炭的开采过程中，当刮板输送机中部槽输送煤散料时，通常会存在物料堆积。本节以某重型刮板输送机为例，利用 EDEM 软件仿真中部槽物料部分区域轻度堆积和严重堆积两种工况。

仿真轻度堆积工况时，在中部槽的中间部位附近给定颗粒工厂，预先产生 20kg 的煤颗粒，以产生中部槽部分区域轻度堆积的结果，其次使刮板输送机正常工作。在仿真中部槽物料部分区域严重堆积时，在上述同一位置，首先产生 60kg 的煤颗粒，此时中部槽的横向被煤颗粒堆满，产生部分区域严重堆积物料的结果，然后使刮板输送机正常工作。本节将刮板输送机的运量设置为 330kg/s，产生堆积煤颗粒的颗粒工厂从表 3-2 中选取颗粒 2，铺设倾角设置为 0°，刮板链的速度设置为 1.1m/s，磨损常数设置为 1.5×10⁻¹²m²/N，可以获得两种堆积工况下中部槽的平均磨损深度曲线，如图 5-29 所示。由图可见，中部槽的磨损深度起伏上升，且物料部分区域轻度堆积时中部槽的平均磨损深度明显小于物料严重堆积时中部槽的平均磨损深度。

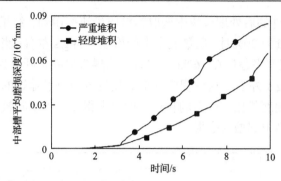

图 5-29　两种堆积工况下的中部槽平均磨损深度曲线

5.3.2　散料特性对中部槽磨损的影响

1. 煤散料的含矸量对中部槽磨损量的影响

在矿井下的煤矿综合机械化采煤工作面中，采煤机的截齿截割煤壁使煤炭下落，无法识别煤炭与矸石。因此，刮板输送机输送的煤散料中既存在煤炭，又存在一部分的矸石，通常矸石量在 20%以内。在质量、形状和硬度等物理属性上，煤炭与矸石有较大的区别，因此本节分析和探究煤散料中含矸量对中部槽的影响规律。依照表 3-2 中的颗粒属性选取煤颗粒为颗粒 3，依据表 3-3、表 3-4 中的参数设置矸石颗粒的有关参数。磨损常数设置为 $1.5×10^{-12}$m^2/N，刮板链的速度设置为 1.1m/s，铺设倾角设置为 0°。随后，在 EDEM 软件中设置三种煤块夹矸的模型，第一种模型的煤含矸量为 0%，第二种模型的煤含矸量为 7%，第三种模型的煤含矸量为 20%，其余条件保持不变。

不同含矸量下中部槽的平均磨损深度曲线如图 5-30 所示。观察分析图 5-30 能够得到，所有曲线均呈起伏上升的趋势。当含矸量为 20%时，中部槽的平均磨损深度增加较为显著，含矸量为 7%时平均磨损深度变化较小，含矸量为 0 时变化较为平缓。由表 3-1 与表 3-3 能够看出，与矸石颗粒的密度相比，煤颗粒的密度明显较小。因此，在等体积等时间的条件下，煤散料的质量与含矸量成正比。以上结果

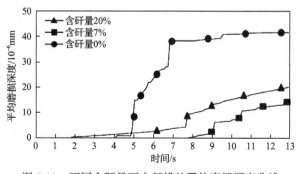

图 5-30　不同含矸量下中部槽的平均磨损深度曲线

可以在 EDEM 软件的后处理模块中选取颗粒质量流率得到，结果如图 5-31 所示。当煤散料的含矸量为 20%时，质量流率平稳值在 175kg/s 左右；当煤散料的含矸量为 7%时，质量流率平稳值在 160kg/s 左右；当煤散料的含矸量为 0%时，质量流率平稳值在 150kg/s 左右。这说明中部槽磨损程度与每秒输送的散料质量呈正相关；与煤颗粒的硬度相比，矸石的颗粒硬度要大得多，其形状棱角也更为尖锐，这些因素都会加剧中部槽的磨损。

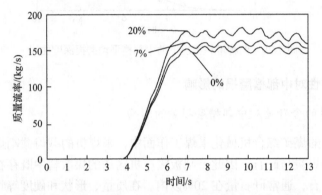

图 5-31　不同含矸量下中部槽的平均质量流率曲线(后处理模块)

2. 煤散料与中部槽之间静摩擦系数对中部槽磨损量的影响

煤炭的类别、含水量及其粒度等因素都会对煤与钢的静摩擦系数产生一定的影响。一般情况下，煤与钢的静摩擦系数 μ 在 0.2~1.2。本节将刮板输送机的运量设置为 330kg/s，磨损常数设置为 $1.5×10^{-12}m^2/N$，刮板链的速度设置为 1.1m/s，铺设倾角为 0°，煤和钢的静摩擦系数依次为 0.2、0.4、0.6，可以获得三种静摩擦系数下中部槽的平均磨损深度曲线，如图 5-32 所示。通过观察图 5-32 可以得到，中部槽的平均磨损深度起伏上升，不同静摩擦系数的曲线彼此交错。因此，煤和钢的静摩擦系数与中部槽磨损量不存在明显的关系。

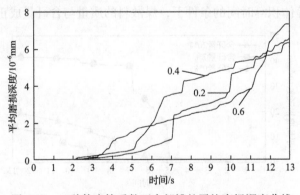

图 5-32　三种静摩擦系数下中部槽的平均磨损深度曲线

5.3.3　中部槽不同部位的磨损

1. 离散元与有限元建立耦合分析项

为了更为精确地探究中部槽的磨损区域,将 EDEM 软件与 ANSYS Workbench 软件进行耦合, 从而得到煤散料在输送的过程中对中部槽的摩擦和冲击作用所引起的应力和变形特性,并进行了对比分析。

首先利用 EDEM 软件中的 Export Data for ANSYS Workbench 后处理工具输出 0～8s 的煤颗粒对中部槽的 Pressure 作用力文件,结果如图 5-33 所示;其次在 ANSYS Workbench 软件中创建离散元和有限元分析的耦合关系,结果如图 5-34

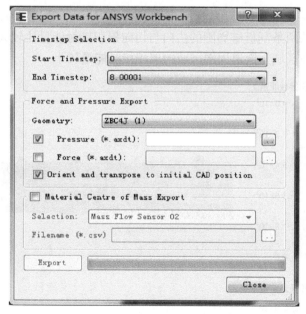

图 5-33　EDEM 数据导出设置窗口

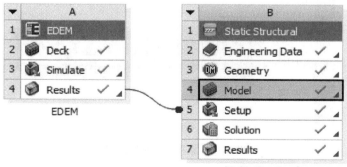

图 5-34　EDEM 与 ANSYS Workbench 耦合

所示；再将 Pressure 作用力文件输入 EDEM 软件中的 Results 模块中；接着将刮板输送机中部槽的三维简化模型导入，隐藏刮板链，根据表 5-4 中的材料属性选择中部槽的材料属性；随后进行网格划分并施加煤散料对中部槽的作用力，中部槽和煤散料接触的全部表面均为加载载荷的表面，为中部槽底板的下表面添加固定约束，最后完成计算、求解和分析。

　　2. 刮板链周围的中部槽磨损规律

　　利用 EDEM 软件中的 Relative Wear 模型来表示中部槽的主要磨损区域，测量指标为法向和切向累积接触能量，然后与 ANSYS Workbench 软件中获得的相关结果进行对比。

　　EDEM 软件中的累积接触能量云图如图 5-35 所示。通过观察图 5-35 可以看出，在中部槽的两条刮板链周围的法向与切向累积接触能量比较大。此外，相较于两条链的中间区域，链道周围区域的累积接触能量较小。

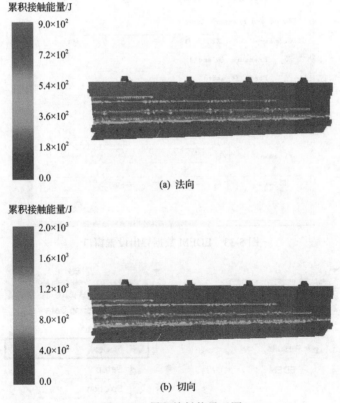

图 5-35　累积接触能量云图

　　选择中部槽的中间一小段，导出这一小段的中部槽在 EDEM 软件中 0～8s 的作用力文件, 然后根据上面的步骤和 ANSYS Workbench 软件创建耦合分析, 结果如图 5-36 所示。通过观察图 5-36 可以得到, 中部槽两边的变形及其所受到的应力比中间部位小, 此结果与 EDEM 软件中的能量累积云图分布情况大致相同。

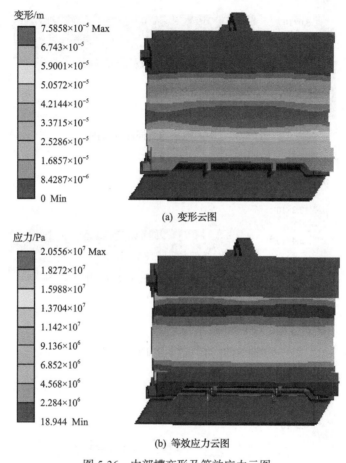

变形/m

7.5858×10⁻⁵ Max
6.743×10⁻⁵
5.9001×10⁻⁵
5.0572×10⁻⁵
4.2144×10⁻⁵
3.3715×10⁻⁵
2.5286×10⁻⁵
1.6857×10⁻⁵
8.4287×10⁻⁶
0 Min

(a) 变形云图

应力/Pa

2.0556×10⁷ Max
1.8272×10⁷
1.5988×10⁷
1.3704×10⁷
1.142×10⁷
9.136×10⁶
6.852×10⁶
4.568×10⁶
2.284×10⁶
18.944 Min

(b) 等效应力云图

图 5-36　中部槽变形及等效应力云图

获得的中部槽平均磨损深度云图如图 5-37 所示。由图 5-37 可以明显看出, 两条刮板链周围为主要的磨损区域, 也就是链道的周围和两条链的中间区域。除此之外, 在两条链的中间区域磨损较剧烈, 其余区域的磨损则比较轻微。

3. 不同煤落点的中部槽磨损发生规律

进一步比较分析, 按照煤落点的距离可将中部槽分为三段, 模拟中颗粒工厂选在中部槽的左侧。如图 5-38 所示, 在煤落点周围法向累积接触能量比较大。中部槽平均磨损深度云图如图 5-39 所示。通过观察图 5-39 也能够看出, 与煤落点相距较近的地方磨损更为剧烈。

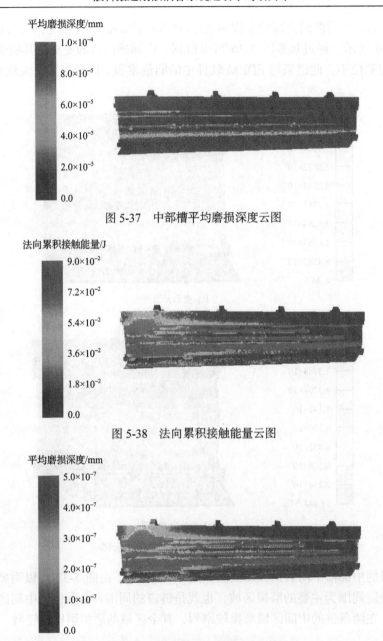

图 5-37　中部槽平均磨损深度云图

图 5-38　法向累积接触能量云图

图 5-39　中部槽平均磨损深度云图

　　不同部位中部槽的平均磨损深度曲线如图 5-40 所示。通过观察图 5-40 能够得到，中部槽平均磨损深度起伏上升。煤落点周围第一段中部槽的磨损深度最大，第二段和第三段中部槽的磨损深度与煤落点的距离成反比。

　　出现以上结果的原因是，在煤落点周围的第一段中部槽，颗粒下落时撞击较为剧烈，而且刮板链的链速使其加速，因此磨损加剧。煤颗粒在 $t=7s$ 时的速度矢量图如图 5-41 所示。通过观察图 5-41 能够看出，第一段中部槽中的颗粒速度比较大，而此刻第二段和第三段中部槽中的颗粒运动平缓。

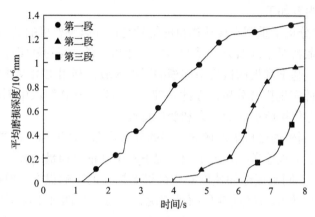

图 5-40　不同部位中部槽的平均磨损深度曲线

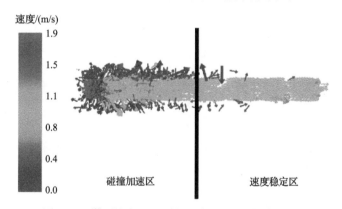

图 5-41　煤颗粒在 $t=7s$ 时的速度矢量图(仿真结果)

对 ANSYS Workbench 的仿真结果进行分析，结果如表 5-5 所示。在距离煤落点较近的第一段中部槽的最大变形是第二段的 2.95 倍，是第三段的 5.04 倍；第一段中部槽的最大应力是第二段的 5.65 倍，是第三段的 11.99 倍。以上结果说明，煤落点周围中部槽受到的力较大，因此煤落点周围中部槽磨损更为剧烈。

表 5-5　中部槽最大变形和最大应力

项目	最大变形/10^{-5}m	最大应力/MPa
第一段中部槽	22.38	116.1
第二段中部槽	7.586	20.56
第三段中部槽	4.437	9.685

5.4　本章小结

本章主要内容如下：

(1)仿真和分析了重型刮板输送机的链轮与链环以及整机的动力学,分析了含矸量不同的煤散料对中部槽磨损量的影响程度和二者之间的静摩擦系数对中部槽磨损量的影响。基于刮板输送机中部槽的磨损区域,利用 EDEM 软件和 ANSYS Workbench 软件实现耦合分析,在此基础上,得到了输送阶段中因煤散料对中部槽的冲击与摩擦作用所引起的应力和变形特性。

(2)分析了刮板输送机中部槽煤散料的分布状态、速度和中部槽的质量流率,且进一步分析了刮板输送机在上下山工况下对中部槽磨损量的影响程度。

(3)分析了不同刮板链的速度对中部槽磨损量的影响程度,模拟了中部槽物料部分区域轻度堆积与严重堆积两种工况,获得了这两种工况下中部槽磨损量的曲线。

第6章 重型刮板输送机中部槽运动学与动力学磨损试验研究

基于中部槽的摩擦学系统分析，明确影响中部槽磨损的因素及磨损机理。中部槽在煤散料运输过程中，与刮板及煤颗粒之间的相互磨损，必然会造成中部槽表面的磨损。中板作为刮板输送机的关键部件，也是易损部件，工作时刮板及煤散料对其表面的磨损是主要失效形式。为了保证中板表面的技术特性效果和使用寿命，中板应具有较高的耐磨性。耐磨性低的中板，既影响生产，又增加消耗，因此必须提高中板的耐磨性。耐磨性能优越的中板可有效延长更换周期。国内中板性能经过长期研究的发展，已取得很大的进步，但其关键问题并未得到有效解决，在工作过程中仍存在硬度、耐磨性之间的矛盾。

磨损是人们普遍关注的问题之一，它与零件的材质、载荷、温度、介质等多种因素相关。目前，磨损机理问题仍然没有统一的理论模型，最常用的研究方法是针对具体零件进行应力、失效分析，在此基础上通过理论分析、试验等方法，探讨磨损机制及耐磨性的改善措施。

为了探明中部槽磨损机理，在对中部槽磨损系统及磨损失效分析的基础上，结合关于中部槽磨损的理论分析结果，确定试验条件、试验因素和水平，在磨损试验机上进行模拟工况的磨损试验，研究刮板输送机运行过程中刮板及煤散料对中板材料的磨损特性，为提高中部槽耐磨性的研究提供理论基础。

6.1 中部槽磨料磨损试验机

刮板输送机在井下输送煤料时，刮板、刮板链和中板均处于煤料环境中，煤料充当磨料介质，形成"刮板-煤料-中板"的磨粒磨损。磨损试验选用 ML-100 改进型磨料磨损试验机，如图 6-1(a)所示。该试验机的工作原理为：刮板试样在距离料槽回转中心某一位置处固定不动，在料槽中加入一定质量的煤料，使刮板试样和中板试样均处于煤料环境中，磨损试验机工作时，中板试样随料槽一起逆时针回转，实现煤料不断进入刮板试样斜楔，形成"刮板试样-煤料-中板试样"的磨料磨损。中板试样三维几何模型如图 6-1(b)所示，刮板试样三维几何模型如图 6-1(c)所示，中板试样由六个完全相同的扇形试样拼成，最终形成外径为 260mm、内径为 160mm 的圆环试样，由螺钉固定在底板上，如图 6-1(d)所示。

剖视图如图 6-1(e)所示，刮板试样的位置可以径向调节，将刮板试样位置固定在距离料槽回转中心 110mm 处。料槽外径为 375mm，内径为 315mm，槽深为 37mm。

(a) 实物图　　　　　　　　(b) 中板试样三维几何模型

(c) 刮板试样三维几何模型　　　　　　(d) 圆环试样

(e) 剖视图

图 6-1　改进销盘式磨料磨损试验机(单位：mm)

试验机负载范围为 2~100N，圆盘直径为 300mm，圆盘转速为 60~600r/min，可实现顺时针或逆时针旋转，可以改变上试样和下试样材料，同时还采用定转数计数器，当试样被磨损到设定转数时，能自动控制停机。圆盘转速、上试样及下试样材料、对试件施加的正压力等参数可以改变，以角速度 ω 逆时针回转，刮板试样和刮板试样夹具作为一个整体在距离料槽回转中心 110mm 处固定不动，磨料磨损试验机的运动状态如图 6-2 所示，刮板试样处的速度为

$$v = \omega r = 0.11\omega \tag{6-1}$$

该试验机能够很好地模拟各种工况，在实验室内即可完成耐磨材料的磨损试验，以便进行磨料磨损机理的研究。

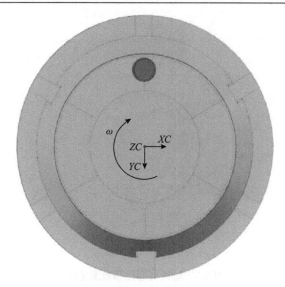

图 6-2　磨粒磨损试验机运动状态示意图

6.2　中部槽磨料磨损因素

6.2.1　哈氏可磨性指数

煤的可磨性标志着煤磨碎成粉的难易程度，是一种与煤的密度、硬度和脆度有关的综合物理特性[147]。在一定粉碎条件下将单位质量物料从一定粒度粉碎至某一指定粒度需要能量。将不同的煤磨成细度相同的煤粉消耗的能量是不同的，也就是说磨制过程的阻力不同。煤的可磨性指标即表示煤的这种性质，它实际上是磨制阻力的倒数。在实际测定时，煤的可磨性用被测定煤样与标准煤样相比较得出的相对指标来表示，称为哈氏可磨性指数(Hardgrove grind-ability index, HGI)，该测定方法称为哈德格罗夫法[148]。早在 20 世纪 30 年代就有学者对一定质量的煤进行了研究，发现煤的可磨性随着各组分密度的增加而降低；戈索尔等发现，对于较高密度组分，随密度的增大，其 HGI 逐渐降低，而最高密度组分除外；辛哈等研究大量煤种发现，洗精煤的 HGI 最高，中煤次之，而沉积物的 HGI 相较于煤又升高。煤的硬度一般表现为粉碎物料的难易程度。当煤中水分一定时，煤的 HGI 与其硬度高低有关，HGI 越大，煤的硬度越小，脆度越大，更易粉碎；反之，HGI 越小，则煤的硬度越大，脆度越小，不易粉碎[149]。本节选取四种不同地区的煤种，即来自宁夏无烟煤、山西烟煤、内蒙古烟煤、陕西烟煤四种，依托中国科学院山西煤炭化学研究所进行煤质哈氏可磨性检测，使用 5E-HA60X50 哈氏可磨性指数测定仪(图 6-3)进行哈氏可磨性检测，结果如表 6-1 所示。

图 6-3　哈氏可磨性指数测定仪

表 6-1　煤散料的哈氏可磨性指数

煤种	宁夏无烟煤	山西烟煤	内蒙古烟煤	陕西烟煤
HGI	51	76	78	58

6.2.2　含水率

我国煤矿资源种类丰富，研究表明，煤炭种类的差异及不同的矿井环境会对煤矿机械产生不同程度的磨损。井下环境潮湿，且采掘中的喷雾除尘作业必然会导致煤料中含有不同程度的水分。目前，国内外对于矿山机械材料抗磨损的研究主要集中于材料热处理工艺的选择上，而关于煤散料特性对于金属材料磨损性能的研究甚少。在煤矿机械作业中，煤炭、矸石、水共同构成了散料系统。水对岩石和煤具有软化、溶蚀和水楔作用，水分子进入煤样间隙会削弱颗粒间的黏结作用，使强度降低；另外，煤炭中的黄铁矿（FeS_2）溶于水中会氧化产生硫化物，造成水中 Fe、SO_4^{2-}的浓度增大[150]。水是影响煤散料性能的重要因素之一。煤散料含水率对煤矿机械工作部件的抗磨性能有着重要的影响。研究认为，在不同岩石含水率下进行掘进作业时，钻头的磨损率存在较大差异；另外，球磨机研磨湿料时，其衬板及球的磨损比研磨干料时大得多。由此可见，研究潮湿磨料对中部槽磨损的影响尤为必要。煤岩特性（磨损、切割阻力、岩石能量、岩石应力）研究表明[151,152]，岩石特性随着含水率的改变而改变，从而影响掘进机械的生产速率，并加剧设备磨损、消耗。然而，在中部槽输运作业中，煤散料的含水率对于中部槽的磨损研究相对较少。考察煤散料含水率对中板磨损性能的影响，并对磨损机理进行探究，以期为煤矿机械作业部件的选材和表面强化工艺的制定提供理论依据。煤中的水分分为外在水分及内在水分。其中，外在水分是指煤在开采、运输和洗选过程中湿润在煤的外表及大毛细孔中的水，它以机械方式与煤相黏结，较易蒸发。失去外在水分的煤称为风干煤。内在水分是指吸附或凝聚在煤粒内部的毛细孔中的水，将煤加热到 105～110℃时内在水分会消失，其主要以物理化学方式与煤相黏结，较难蒸发，失去内在水分的煤称为绝对干燥或干煤。煤的最高内在水，又称平衡水，是指在一定条件下煤内部毛细孔充分饱和时所吸收的水分[153,154]。

国内外学者关于含水率对煤体力学性质的影响开展了诸多研究。Perera 等[155]研究了含水率对某褐煤强度变化的影响，表明褐煤在平衡水状态(含水率为 58%)下较不含水时的韧性好，但强度较差。Pan 等[156]研究了含水率对某烟煤(平衡水状态含水率为 8.4%)强度变化的影响，煤在获得水分时膨胀，在失去水分时收缩，在低含水率水平时，应变与含水率呈线性关系，同时，杨氏模量随着含水率的降低而显著增大，表明煤在失去水分时变硬。秦虎等[157]测定了某无烟煤(平衡水状态含水率为 5.75%)在不同含水率下的煤体单轴压缩应力应变特性，随着含水率的增大，煤样的抗压强度逐渐减小。可见，平衡水状态的煤块在强度和性能上会有很大的不同，且煤的含水率差别较大，除了褐煤的含水率较高，其他煤种的含水率一般在 20%以下，甚至低至 5%左右。基于此，本节选取四种不同地区的煤种，包括烟煤及无烟煤，选择煤散料含水率为 0%～15%，研究含水率对中部槽磨损的影响。

对于不同含水率煤散料的配置，根据《煤中全水分的测定方法》(GB/T 211—2017)，煤中含水率按式(6-2)计算：

$$W = \frac{M_1}{M} \times 100\% \tag{6-2}$$

式中，W 为含水率；M_1 为煤样干燥后减轻的重量，g；M 为煤散料的总质量，g。

配置不同含水率的煤料具体步骤如下。

(1)烘干煤料。用已知重量的干燥、清洁的浅盘称取煤样，并将盘中的煤样均匀摊平。将装有煤样的浅盘放入预先鼓风注并加热到 105～110℃的干燥箱中，在不断鼓风的条件下干燥 2～2.5h，再从干燥箱中取出浅盘，趁热称重。然后重新放入干燥箱 30min，直至煤样的减量不超过 1g 或者重量有所增加，得到干燥后的煤样为 M_0。

(2)根据所需的含水率 W(%)，按照式(6-3)计算得到含湿煤料的质量 M_2：

$$M_2 = \frac{M_0}{1-W} \tag{6-3}$$

(3)用喷壶向煤料中加水，水以喷雾状喷洒在煤料上，这样喷洒面积大且便于吸收，边喷水边搅拌煤料，保证煤料与水均匀接触，直至天平读数显示 M_2。

(4)将煤散料用塑料袋密封，如图 6-4 所示，然后密封放置 1～2 天，使其充分吸收。

图 6-4　含水率配置过程

其他含水率煤料的配置均按照步骤(1)～(4)操作，即可得到不同含水率的煤料。

6.2.3　含矸率

煤矸石与煤系地层共生，是一种低碳坚硬的黑色岩石，经过细碎后的煤矸石才具备塑性指标，且多砂岩的矸石塑性较多页岩差，经粉碎至 250 目筛余 2%时其塑性指标可达 2.8～3.0，响应含水率为 23%～25%，若进一步细碎至 300 目，则其可塑性会进一步增大。煤矸石是由多种矿岩组成的混合岩，它是一种沉积岩，主要由碳质页岩、泥质页岩、砂质页岩、煤炭及砂岩等组成。煤矸石风化程度直接影响煤矸石的硬度，一般多页岩的硬度为 2～3，多砂岩的硬度为 4～5。不同地区的煤矸石的矿物质组成及成分的含量也有很大的差别，这主要与其所处地质年代及层位有关。从化学组成方面来看，煤矸石是由无机质和少量有机质组成的混合物。无机质主要为矿物质和水，且矿物质多以硅、酸盐或铝酸盐的形式存在，另外含有数量不等的 Fe_2O_3、CaO、MgO、SO_3、Na_2O、K_2O、P_2O_3 等无机物，以及微量的稀有金属。煤矸石中的有机质随着含碳量的增加而增加，主要包括 C、H、O、N、S 等，一般来说，含碳量越高，其煤矸石的发热量也就越大[158]。

在煤矿开采和洗煤作业中，会产生大量的煤矸石，煤矸石的产量占比达到了 15%，我国煤矿开采的煤矸石的产率在 5%～10%，洗煤厂洗原煤的含矸率在 18%～20%[158,159]。随着煤矿开采强度的加大，厚及中厚煤层的资源储量逐年下降，薄煤层和夹矸煤层的开采量日趋增多，煤中混入的矸石量逐年增加[160]。Li 等[161,162]研究认为，煤及矸石在硬度、破碎率、抵抗冲击破碎的能力方面都存在较大的差别。中部槽在运输过程中，矸石的不同含量会对中部槽磨损产生影响，经综合分析，本节选择含矸率为 0%～25%。选择三种地域的矸石进行莫氏硬度检测，如表 6-2 所示，将三种矸石按 1∶1∶1 混合作为试验用矸石。

表 6-2　矸石莫氏硬度

矸石	宁夏矸石	内蒙古矸石	山西矸石
莫氏硬度	4	6	6

对于不同含矸率煤散料的配置，煤中含矸率的计算式为

$$G = \frac{M_G}{M} \times 100\% \tag{6-4}$$

式中，G 为含矸率；M_G 为矸石的重量，g；M 为煤散料的总质量，g。

根据所需的含矸率 G，按照 6.2.2 节中烘干煤料的过程，获取烘干后的煤散料 M_0，按照式 (6-5) 计算得到矸石的质量 M_G：

$$M_G = \frac{M_0}{1-G} G \tag{6-5}$$

称取 M_G 矸石与煤散料充分混合，即可得到含矸率为 G 的煤散料。

6.2.4　煤散料粒度

Yarali 等[163]在研究煤岩对刀具的磨损时，认为平均粒度的增加会对磨损产生直接影响。为了研究比较煤散料粒度对中部槽磨损的影响，本节从试验设备的大小考虑，确定试验中煤散料颗粒的粒度范围为 1~8mm。通过不同粒径的筛子将煤料及矸石筛分出来，如图 6-5 所示。

煤	矸石		煤	矸石

(a) 0.5~1mm粒度　　　　　　　　　(b) 6~8mm粒度

图 6-5　煤及矸石

6.2.5　刮板链速

刮板输送机刮板链的速度不是均匀的。刮板链由链轮驱动，链轮旋转时，轮齿一次与链环啮合，拖动刮板连续运动。刮板链绕经链轮时呈多边形。在这种传动方式中，链轮转速虽然不变，但链轮与链的啮合为多边形，而不是圆形，所以

刮板链的运动速度不是均匀的，而是呈周期性变化的。刮板链运动速度一般用平均速度来计算。曹燕杰等[164]研究了刮板链速对传动系统的影响，使用 ADAMS 软件仿真研究链速分别为 0.9m/s、1.1m/s、1.3m/s 三种情况下刮板及刮板链的运动状态。王沉等[165]研究了刮板链速在 0.8～1.2m/s 变化时对中部槽的冲击特性的影响，结果表明，刮板链速越大，中部槽受到的冲击载荷越大。蔡柳等[166]将离散元法应用于刮板输送机煤散料运输过程，结果表明，刮板链速越大，质量流率增长速度越快且稳定值越大，并且波动性也越大。

古典摩擦定律认为，摩擦系数与滑动速度无关。事实上，摩擦系数随滑动速度变化的规律非常复杂，目前在这方面缺乏一致的认识。Bochet[167]研究了机车车辆的制动摩擦，得到金属摩擦副的摩擦系数随着滑动速度的增大而减小的结论。刮板链速对中部槽磨损的影响，可参阅的文献较少。基于此，本节在综合考虑试验机转速极限的基础上，研究刮板输送机链速在 0.4～0.9m/s 时对中部槽磨损的影响。

6.2.6　法向载荷

中板与刮板摩擦系统中，中板表面承受的载荷来自于刮板自重及煤散料的重量。

1. 煤散料重量

单位面积中部槽承受的来自煤散料的压强 p_1 为

$$p_1 = \frac{Q}{3.6vd} \times 9.8 \tag{6-6}$$

式中，Q 为刮板输送机输送量，t/h，本节取 3000t/h；v 为刮板链速，m/s，本节取平均速度 0.8m/s；d 为中部槽断面宽度，m，本节取 0.758m。

由此得到 p_1 为 0.013467MPa。

2. 刮板自重

以某刮板输送机(图 6-6)为例，参考计算刮板自重，通过 UG 软件统计其体积为 5837.649cm³，密度为 7.85g/cm³，质量为 45825.54g。

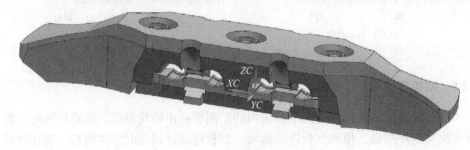

图 6-6　刮板三维图

刮板与中板接触底面积 s 为 $6×10^{-3}m^2$，由此可知，来自刮板自重的压强为

$$p_2 = \frac{mg}{s} = 0.074848 \text{MPa} \tag{6-7}$$

3. 法向载荷范围

因此，中板承受压强为

$$p = p_1 + p_2 = 0.088315 \text{MPa}$$

试验机上试样与下试样的接触底面积 s_1 为 $4×10^{-4}m^2$，由此换算为试验机上的载荷为 $F = p × s_1 = 35.326N$。为便于试验设定，本试验中将载荷的范围设置为 $10 \sim 35N$。

6.3　试验设计方法

6.3.1　Plackett-Burman 因素筛选试验

基于试验设计进行试验可以有效提高生产效率及加工效率，其中 Plackett-Burman(PB)因素筛选试验已经被证明，其在复杂参数试验研究的第一阶段中发挥着重要作用。例如，在工具寿命试验中，当希望考虑多种设计和工艺参数时，采用筛选试验可以很容易区分重要因素及其相互作用的任何顺序，并将其作为参考用于后续的试验研究[168-170]。PB 试验设计被广泛应用于因子主效应的估计中。通常 N 次试验最多可研究 $N-4$ 个变量(N 为 4 的倍数)。

PB 试验结果可用如下线性模型来表示：

$$Y = \beta_0 + \sum_{i=1}^{k} \beta_i X_i \tag{6-8}$$

式中，Y 为指标值；β_0 为常数；β_i 为影响因素 X_i 的回归系数。

6.3.2　中心复合设计试验

根据筛选试验结果及响应面设计原理，采用中心复合设计(central composite design, CCD)试验研究各显著性因素对中部槽磨损量的影响。整个试验设计包含 2^n 组阶乘点试验、$2n$ 组轴向点试验和 n_c 组中心点试验。

总试验次数 N 如式(6-9)所示：

$$N = 2^n + 2n + n_c \tag{6-9}$$

对各变量的响应行为进行表征的二阶经验模型公式参照为

$$Y = \beta_0 + \sum_{i=1}^{n} \beta_i X_i + \sum_{i<j}^{n} \beta_{ij} X_i X_j + \sum_{i=1}^{n} \beta_{ii} X_i^2 + \varepsilon \tag{6-10}$$

式中，n 为变量个数；Y 为响应值；β_0、β_i、β_{ii}、β_{ij} 分别为常系数、线性一次项系数、交互项系数和二次项系数；X_i、X_j 为相互独立的影响因子。

6.4 中部槽磨损因素筛选试验

6.4.1 试验准备

试验在煤矿综采装备山西省重点实验室进行，试验平均温度为 24℃，平均湿度为 70%RH，试验中设置刮板链速为 0.9m/s。共进行 52 组试验，每组试验进行 2 次重复试验。

采用磨料磨损试验机进行试验研究。其中，上试样选择常用刮板材质 42CrMo，其硬度为 170HB。下试样选择 M_a、M_b 中板材质，其化学组成及机械性能如表 6-3 及表 6-4 所示。试验前，对磨损试样进行抛光处理，使其粗糙度 R_a=0.60μm，经无水酒精清洗后使用万分之一天平进行称重。试验结束后，用干燥的压缩空气清洁试样表面，经无水酒精清洗后称重。磨损质量即为试样初始和最终重量的差异。

表 6-3 中板试样化学成分（质量分数%）

中板	元素								
	C	Mn	Si	Cr	Ni	Mo	V	S	P
M_a	0.2	1.34	0.49	0.29	0.028	0.0042	0.003	0.003	0.009
M_b	0.25	1.22	0.39	0.9	—	—	—	0.001	0.011

表 6-4 中板试样机械特性

中板	屈服强度/MPa	抗拉强度/MPa	伸长率/%	−20℃冲击韧性/J	硬度（HB）
M_a	1137	1440	20	52	425
M_b	1701	1570	13.23	67	504

6.4.2 试验规划

中部槽磨损受到磨料、材料、工况多因素的影响和制约，而目前的研究对煤质因素的考虑并不多。PB 试验设计方法[171]可以在较少的试验次数和较短的时间内，从众多的过程变量中筛选出最为重要的几个因素，在进行中部槽磨损特性研究时，采用 PB 试验设计，确定诸多因素中哪些对磨损起主要作用，对于今后中部槽磨损研究具有重要意义。本节基于 PB 试验设计研究影响中部槽磨损的主要因素。上试样及下试样选择同 6.4.1 节。

本试验在进行中部槽磨损因素筛选设计时，先将磨损行程作为显著性因素设为定值 3840m，采用 PB 试验设计对含水率、含矸率、HGI、煤料粒度、法向载荷、刮板链速 6 个因素进行考察，每个因素取高低 2 个水平，以编码+1 和−1 形式表示，如表 6-5 所示。

表 6-5　PB 试验参数

代号	参数	低水平(−1)	高水平(+1)
A	含水率%	0	15
B	含矸率%	0	25
C	HGI	51	75
D	煤料粒度/mm	0.5~2	6~8
E	法向载荷/N	10	35
F	刮板链速/(m/s)	0.4	0.9

6.4.3　试验结果及分析

1. 方差分析结果

按照筛选试验规划，进行两次重复试验，获取磨损量平均值如表 6-6 所示。

表 6-6　PB 试验设计和结果

参数		1	2	3	4	5	6	7	8	9	10	11	12
A		−1(0)	−1	−1	−1	1(15)	1	−1	1	1	1	−1	1
B		1(25)	−1(0)	1	1	1	−1	1	1	1	−1	−1	−1
C		1(75)	−1(51)	1	−1	1	−1	−1	−1	−1	1	1	1
D		1(7)	−1(1)	−1	1	1	−1	1	1	−1	1	−1	1
E		−1(10)	−1	1(35)	1	−1	1	−1	1	−1	1	1	−1
F		−1(0.4)	−1	1(0.9)	−1	1	−1	1	1	1	−1	1	1
磨损量 /mg	M_a	52.1	2.15	55.25	138.5	159	226.7	2.3	269.1	108.3	144.7	5.15	61
	M_b	49	2.8	53.8	130.9	164.3	223.1	1.5	271.2	108.4	137	5.1	59.2

针对每种中板材质进行方差分析，以 M_b 试验数据为例，对计算过程进行说明。根据磨损数据，制作磨损响应表 6-7。需要计算的方差参数如表 6-8 所示。

表 6-7　磨损量的响应结果

序号	磨损量/mg	A -1	A 1	B -1	B 1	C -1	C 1	D -1	D 1	E -1	E 1	F -1	F 1
1	49	49	—	—	49	—	49	—	49	49	—	49	—
2	2.8	2.8	—	2.8		2.8		2.8		2.8		2.8	
3	53.8	53.8	—	—	53.8	—	53.8	53.8	—	—	53.8	—	53.8
4	130.9	130.9	—	—	130.9	130.9	—	—	130.9	—	130.9	130.9	—
5	164.3	—	164.3	—	164.3	—	164.3	164.3	—	164.3	—	164.3	—
6	223.1	—	223.1	223.1	—	223.1	—	223.1	—	—	223.1	223.1	—
7	1.5	1.5	—	1.5	—	1.5	—	—	1.5	1.5	—	—	1.5
8	271.2	—	271.2	—	271.2	271.2	—	—	271.2	—	271.2	—	271.2
9	108.4	—	108.4	—	108.4	108.4	—	108.4	—	108.4	—	—	108.4
10	137	—	137	137	—	—	137	—	137	—	137	137	—
11	5.1	5.1	—	5.1	—	—	5.1	5.1	—	—	5.1	—	5.1
12	59.2	—	59.2	59.2	—	—	59.2	—	59.2	59.2	—	—	59.2
总和(T)	1206.3	243.1	963.2	428.7	777.6	737.9	468.4	557.5	648.8	385.2	821.1	707.1	499.2

表 6-8　方差分析表

参数	自由度(df)	平方和(SS)	均方(MS)	F值
A	df_A	SS_A	MS_A	F_A
B	df_B	SS_B	MS_B	F_B
C	df_C	SS_C	MS_C	F_C
D	df_D	SS_D	MS_D	F_D
E	df_E	SS_E	MS_E	F_E
F	df_F	SS_F	MS_F	F_F
R	df_R	SS_R	MS_R	F_R
M	df_M	SS_M	MS_M	F_M
T	df_T	SS_T	—	—

注：R表示残差，M表示模型，T表示总和。

（1）自由度计算：

$$\mathrm{df}_A = 2 - 1 = 1, \quad \mathrm{df}_B = 2 - 1 = 1, \quad \mathrm{df}_C = 2 - 1 = 1$$

$$\mathrm{df}_D = 2-1=1, \quad \mathrm{df}_E = 2-1=1, \quad \mathrm{df}_F = 2-1=1$$

$$\mathrm{df}_R = 6-1=5, \quad \mathrm{df}_T = 12-1=11, \quad \mathrm{df}_M = 6$$

(2) 平方和计算:

$$C = \frac{T^2}{12} = \frac{1206.3^2}{12} = 121263.3075 \tag{6-11}$$

$$\mathrm{SS}_T = \sum X^2 - C = (49^2 + 2.8^2 + 53.8^2 + 130.9^2 + 164.3^2 + 223.1^2 + 1.5^2 + 271.2^2 + 108.4^2$$
$$+ 137^2 + 5.1^2 + 59.2^2) - 121263.3075 = 206808.09 - 121263.3075 = 85544.7825$$

$$\mathrm{SS}_A = \frac{\sum T_A^2}{6} - C = \frac{243.1^2 + 963.2^2}{6} - 121263.3075 = 43212.00$$

$$\mathrm{SS}_B = \frac{\sum T_B^2}{6} - C = \frac{428.7^2 + 777.6^2}{6} - 121263.3075 = 10144.27$$

$$\mathrm{SS}_C = \frac{\sum T_C^2}{6} - C = \frac{737.9^2 + 468.4^2}{6} - 121263.3075 = 6052.52$$

$$\mathrm{SS}_D = \frac{\sum T_D^2}{6} - C = \frac{557.5^2 + 648.8^2}{6} - 121263.3075 = 694.64$$

$$\mathrm{SS}_E = \frac{\sum T_E^2}{6} - C = \frac{385.2^2 + 821.1^2}{6} - 121263.3075 = 15834.07$$

$$\mathrm{SS}_F = \frac{\sum T_F^2}{6} - C = \frac{707.1^2 + 499.2^2}{6} - 121263.3075 = 3601.87$$

$$\mathrm{SS}_M = \mathrm{SS}_A + \mathrm{SS}_B + \mathrm{SS}_C + \mathrm{SS}_D + \mathrm{SS}_E + \mathrm{SS}_F = 79539.37$$

$$\mathrm{SS}_R = \mathrm{SS}_T - \mathrm{SS}_A - \mathrm{SS}_B - \mathrm{SS}_C - \mathrm{SS}_D - \mathrm{SS}_E - \mathrm{SS}_F = 6005.41$$

(3) 均方计算:

$$\mathrm{MS}_A = \frac{\mathrm{SS}_A}{\mathrm{df}_A} = \frac{43212.00}{1} = 43212.00, \quad \mathrm{MS}_B = \frac{\mathrm{SS}_B}{\mathrm{df}_B} = \frac{10144.27}{1} = 10144.27$$

$$\mathrm{MS}_C = \frac{\mathrm{SS}_C}{\mathrm{df}_C} = \frac{6052.52}{1} = 6052.52, \quad \mathrm{MS}_D = \frac{\mathrm{SS}_D}{\mathrm{df}_D} = \frac{694.64}{1} = 694.64$$

$$MS_E = \frac{SS_E}{df_E} = \frac{15834.07}{1} = 15834.07, \quad MS_F = \frac{SS_F}{df_F} = \frac{3601.87}{1} = 3601.87$$

$$MS_M = \frac{SS_M}{df_M} = \frac{79539.37}{6} = 13256.56, \quad MS_R = \frac{SS_R}{df_R} = \frac{6005.41}{5} = 1201.08$$

(4)F 检验：

$$\alpha = 0.05, \quad P(F > F_\alpha)$$

$$F_A = \frac{MS_A}{MS_R} = \frac{43212.00}{1201.08} = 35.98 > F_{0.05}(1,5) = 6.61$$

$$F_B = \frac{MS_B}{MS_R} = \frac{10144.27}{1201.08} = 8.45 > F_{0.05}(1,5) = 6.61$$

$$F_C = \frac{MS_C}{MS_R} = \frac{6052.52}{1201.08} = 5.04 < F_{0.05}(1,5) = 6.61$$

$$F_D = \frac{MS_D}{MS_R} = \frac{694.64}{1201.08} = 0.58 < F_{0.05}(1,5) = 6.61$$

$$F_E = \frac{MS_E}{MS_R} = \frac{15834.07}{1201.08} = 13.18 > F_{0.05}(1,5) = 6.61$$

$$F_F = \frac{MS_F}{MS_R} = \frac{3601.87}{1201.08} = 3.00 < F_{0.05}(1,5) = 6.61$$

$$F_M = \frac{MS_M}{MS_R} = \frac{13256.56}{1201.08} = 11.04 > F_{0.05}(1,5) = 4.95$$

结果表明，含水率(A)、含矸率(B)、法向载荷(E)三个影响因子的 F 值大于 $F_{0.05}(1,5)$，说明 P 值均小于 0.05，这三个因素为显著性因素。

(5)相关系数 R^2：

$$R^2 = 1 - \frac{SS_R}{SS_T} = 1 - \frac{6005.41}{85544.7825} = 0.9298 \tag{6-12}$$

一般情况下，复合相关系数 $R^2 > 0.8$ 就认为回归模型和实际吻合程度较好[171]。

通过对四种中板磨损数据进行方差分析，得到的结果如表 6-9 所示。由表可知，影响中部槽磨损的显著性因素包括含水率、含矸率、法向载荷。

表 6-9　中板的方差分析结果

方差来源	M_a		M_b		M_c		M_d	
	F 值	P 值	F 值	P 值	F 值	P 值	F 值	P 值
模型	17.69	0.0032	17.56	0.0032	13.19	0.0062	11.04	0.0093
A	33.41	0.0022*	53.18	0.0008*	41.69	0.0013*	35.98	0.0018*
B	22.71	0.0050*	14.73	0.0121*	9.49	0.0275*	8.45	0.0335*
C	12.53	0.0166	5.78	0.0614	5.79	0.0585	5.04	0.0748
D	5.47	0.0666	2.17	0.2011	1.01	0.3606	0.58	0.4813
E	26.28	0.0037*	21.44	0.0057*	16.93	0.0092*	13.18	0.015*
F	5.73	0.0622	8.07	0.0362	4.04	0.1007	3	0.1439
R^2	0.9550		0.9547		0.9406		0.9298	

注：带 * 表示该项显著（$P<0.05$）。

基于方差分析结果，以编码方式表示磨损量（mg）回归模型如下所示：

$$Y_{M_a}=100+59\times A+28\times B-22\times C+9.26\times D+38\times E-19\times F \tag{6-13}$$

$$Y_{M_b}=100.52+60.01\times A+29.07\times B-22.46\times C+7.61\times D+36.32\times E-17.33\times F \tag{6-14}$$

2. 各因素对中部槽磨损的分析

为了研究各影响因素对中部槽磨损的影响，通过 PB 试验获得磨损数据，经 Design-Expert 软件获得帕累托图及主效应图，并进行分析。

1）帕累托图分析

帕累托图又称排列图，是一种柱状图，按事件发生的频率排序而成，它显示了由各种原因引起的缺陷数量或不一致的排列顺序，是找出影响指标变化的主要因素的方法。只有找到影响指标变化的主要因素，才能进行针对性研究。图 6-7 表明了各因素对指标的影响程度及重要性，任何因素超过 t 值的限制参考线即表示重要[172]。由帕累托图可知，影响中板磨损的主要因素排序为：①M_a 为 $A>E>B>C>F>D$；②M_b 为 $A>E>B>C>F>D$。其分析结果表明，影响中部槽磨损的主要因素包括含水率、含矸率、法向载荷，此结果与方差分析结果一致。另外，含水率、含矸率、法向载荷、煤粒粒度产生正效应，而 HGI 及刮板链速产生负效应。

2）主效应图分析

以 M_b 为例，将各因素设置为中间水平，即 7.5%含水率，12.5%含矸率，HGI 为 63，散料粒度为 4mm，法向载荷为 22.5N，刮板链速为 0.65m/s 时，通过回归方程获得的各因素分析结果如图 6-8 所示。由图可知，随着含水率、含矸率、颗粒粒度、法向载荷增大，磨损量增大；而随着 HGI 及刮板链速增大，磨损量减小。

此趋势与帕累托图的分析结果一致,而其他中板的主效应图分析具有相似的结果。

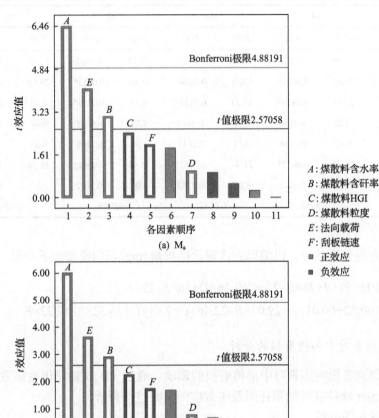

(a) M_a

A: 煤散料含水率
B: 煤散料含矸率
C: 煤散料HGI
D: 煤散料粒度
E: 法向载荷
F: 刮板链速
■ 正效应
■ 负效应

(b) M_b

图 6-7　各因素对于指标的影响程度及重要性

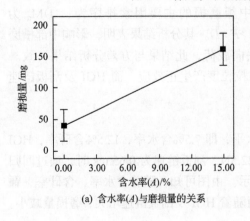

(a) 含水率(A)与磨损量的关系

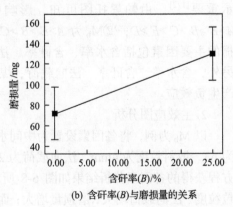

(b) 含矸率(B)与磨损量的关系

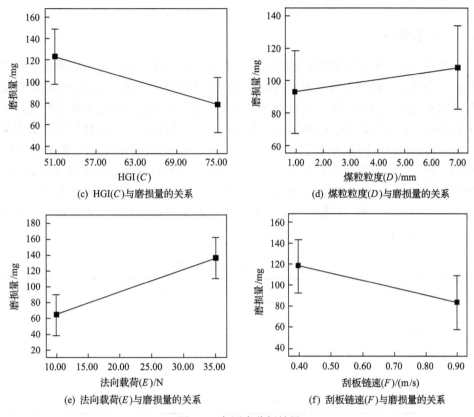

图 6-8　各因素分析结果

　　分析原因如下，含水率的增加，使得颗粒黏性增加，经松散的滚动颗粒变为固定颗粒。另外，煤散料中酸性物质溶于水导致中板表面腐蚀加剧，含水率从 0%增加至 15%，磨损量增加到 3 倍。诸多研究[173]表明，含矸量越大，磨损越严重，本研究中的结果也正好验证了这一观点。之前发表的采用 Pin-on-disc 磨损测试进行的磨料磨损试验结果表明[174]，磨损量随着法向载荷及磨料粒度的增大而增大。通常认为，HGI 越大，煤磨碎所耗费的能量越小[175]。而在本研究中，随着 HGI 增大，磨损量减小；随着刮板链速提高，磨损量也减小，且刮板链速在本磨损中的表现不够显著，一方面是由于中部槽工作速度较小，磨料摩擦发热小，钢板的磨损对这种速度下产生的摩擦热不敏感，对速度影响较小[176,177]；另一方面，在磨损行程一定时，磨损速度越大，磨损时间越短，即腐蚀磨损越小，而磨损速度越小，磨损时间越长，腐蚀磨损越大。

6.5　中部槽磨损中心复合设计试验

6.5.1　试验规划

通过 PB 试验结果确定影响中部槽磨损的主要因素，重点考察含水率、法向载荷、含矸率、磨损行程四因素及交互作用对磨损量的影响，获取中部槽磨损量与各因素之间的精确关系。CCD 试验可用于确定试验因素及相互作用在磨损过程中对响应值指标的影响，精确表述因素与响应值之间的关系。CCD 试验以磨损量为响应值，包含四因素五水平。四因素分别为含水率 W、含矸率 G、法向载荷 F、磨损行程 L。将不显著因素 HGI、煤散料粒度、刮板链速在本阶段设置为定值，分别取 HGI 为 58，粒度为 $2\sim4$mm，刮板链速为 0.9m/s。试验水平编码分为–2、–1、0、+1 和+2 五类，具体变化范围和分布水平如表 6-10 所示。上试样及下试样选择同 6.4.1 节。

表 6-10　CCD 因素与水平

因素	变化范围和分布水平				
	–2	–1	0	+1	+2
含水率/%	0	5	10	15	20
含矸率/%	0	7	14	21	28
法向载荷/N	10	17	24	31	38
磨损行程/m	1500	2500	3500	4500	5500

6.5.2　试验结果及分析

采用 Design-Expert 软件中的 Central composite 设计确定试验方案，对含水率 W、含矸率 G、法向载荷 F、磨损行程 L 四因素的试验设计和试验结果如表 6-11 所示。表中包括阶乘点试验 16 组，轴向点试验 8 组，研究认为，n_c 越大则模型预测方差越稳定，本试验 n_c 设置为 6 组。整个试验矩阵共 30 组，磨损量响应值通过试验得出。

对表 6-11 中的试验数据进行多元回归拟合，得到磨损量的预测模型：

$$Y_{M_a}=0.080214-0.016556W-2.94762\times10^{-3}G+3.96854\times10^{-4}F-1.5972\times10^{-5}L$$
$$+2.05\times10^{-4}WG-9.85714\times10^{-5}WF+2.38\times10^{-6}WL+5\times10^{-5}GF+7.42857\times10^{-7}GL$$
$$+3.92857\times10^{-8}FL+7.21833\times10^{-4}W^2+1.19048\times10^{-5}G^2+1.64966\times10^{-5}F^2$$
$$-5.54167\times10^{-10}L^2 \tag{6-15}$$

$$Y_{Mb}=0.004316-0.01541W-0.00012G+0.002211F+2.51\times10^{-7}L+1.74\times10^{-4}WG$$
$$-1.2\times10^{-4}WF+1.85\times10^{-6}WL+9.06\times10^{-6}GF+2.69\times10^{-7}GL-3.5\times10^{-7}FL$$
$$+7.99\times10^{-4}W^2+1.58\times10^{-5}G^2+2.32\times10^{-5}F^2+1.49\times10^{-10}L^2 \qquad (6\text{-}16)$$

表 6-11　CCD 试验结果

编号	编码值				因素范畴	磨损量/g	
	W	G	F	L		M_a	M_b
1	−1(5)	−1(7)	−1(17)	−1(2500)		0.0147	0.0129
2	1(15)	−1	−1	−1		0.0372	0.0309
3	−1	1(21)	−1	−1		0.0349	0.0348
4	1	1	−1	−1		0.0946	0.0962
5	−1	−1	1(31)	−1		0.0221	0.0244
6	1	−1	1	−1		0.062	0.0569
7	−1	1	1	−1		0.0528	0.0557
8	1	1	1	−1	2^n组阶乘点 16 组	0.0958	0.1046
9	−1	−1	−1	1(4500)		0.0179	0.0197
10	1	−1	−1	1		0.1044	0.1021
11	−1	1	−1	1		0.0448	0.0522
12	1	1	−1	1		0.164	0.1601
13	−1	−1	1	1		0.035	0.0373
14	1	−1	1	1		0.089	0.0905
15	−1	1	1	1		0.0835	0.0842
16	1	1	1	1		0.1793	0.1494
17	−2(0)	0(14)	0(24)	0(3500)		0.0444	0.0468
18	2(20)	0	0	0		0.187	0.2015
19	0(10)	−2(0)	0	0		0.0018	0.0029
20	0	2(28)	0	0	2^n组轴向点 8 组	0.0899	0.0917
21	0	0	−2(10)	0		0.0298	0.0316
22	0	0	2(38)	0		0.0637	0.0659
23	0	0	0	−2(1500)		0.0255	0.0241
24	0	0	0	2(5500)		0.0571	0.0655
25	0	0	0	0		0.0406	0.0433
26	0	0	0	0		0.0497	0.0533
27	0	0	0	0	n_c组中心点 6 组	0.0567	0.05
28	0	0	0	0		0.0308	0.0389
29	0	0	0	0		0.0618	0.04
30	0	0	0	0		0.0549	0.0527

　　以 M_a 为例，对该回归模型进行方差分析以验证它的正确性，如表 6-12 所示。由表可知，模型 $P<0.0001$ 整体极显著，表明模型可以高度拟合磨损过程。模型失拟项表示模型预测值与试验测量值不拟合的概率，该模型失拟项 $P=0.3859>0.05$，说明失拟项不显著，表明方程拟合良好。各因素对响应指标影响的显著性由 F 检验得到，P 值越小，则自变量对响应值影响越显著。根据表分析可知，对磨损量预测模型影响极显著($P<0.0001$)的因素有 W、G、L、W^2；F、WG、WL 因素($P<0.05$)属于影响显著($P<0.05$)因素，其余因素不具有显著性。对其余集中中板材料进行分析，结果如表 6-13 所示，对 M_b 磨损量预测模型影响极显著($P<0.0001$)的因素有：W、G、L、W。影响显著($P<0.05$)的因素有 F、WG、WL。

表 6-12　中板材质 M_a 的 CCD 试验设计二次多项式模型方差分析

方差来源	自由度	平方和	F 值	P 值
模型	14	0.059	25.86	<0.0001*
W	1	0.027	165.14	<0.0001*
G	1	0.012	75.16	<0.0001*
F	1	0.001273	7.77	0.0138*
L	1	0.005612	34.26	<0.0001*
WG	1	0.0008237	5.03	0.0405*
WF	1	0.0001904	1.16	0.2980
WL	1	0.002266	13.83	0.0021*
GF	1	0.000009604	0.59	0.4558
GL	1	0.00004326	2.64	0.1250
FL	1	0.0000121	0.007386	0.9327
W^2	1	0.008932	54.52	<0.0001*
G^2	1	0.00009333	0.057	0.8146
F^2	1	0.00001792	0.11	0.7454
L^2	1	0.0000008432	0.051	0.8237
残差	15	0.002457	—	—
失拟项	10	0.001797	1.36	0.3859
纯误差	5	0.0006602	—	—
总和	29	0.062		

$$R^2=0.9603；\quad R_{adj}^2=0.9232；\quad 精密度=20.142$$

注：带*表示该项显著($P<0.05$)。R^2 为相关系数，R_{adj}^2 为校正系数。

表 6-13　中板材质 M_b 的方差分析

方差来源	M_b
模型	<0.0001*
W	<0.0001*
G	<0.0001*
F	0.0053*
L	<0.0001*
WG	0.0305*
WF	0.1068
WL	0.0025*
GF	0.8640
GL	0.4715
FL	0.3477
W^2	< 0.0001*
G^2	0.6963
F^2	0.5677
L^2	0.9400

注：带*表示该项显著($P<0.05$)。

6.5.3　响应曲面分析

首先以 M_a 为例进行响应曲面分析，经 Design-Expert 分析，得出显著性交互作用项 WG、WL 对磨损量的响应面及其等高线图。图 6-9 显示了当法向载荷及磨损行程固定在零水平时，含水率和含矸率对磨损量的影响。由图 6-9(a)可知，在试验数据的整个空间内，磨损量随着含矸率的增大而增大。由图 6-9(b)可知，在含水率低于 5%时，随着含水率的增大，磨损量有减小的趋势，当含水率在 5%～20%时，随着含水率的增大，磨损量逐渐增大。分析其原因，当含水量低于 5%时，水分完全被煤散料吸收，相比于不含水时煤散料变软，颗粒韧性提高，颗粒在受到载荷冲击时密实区间变大，不易破碎，从而使磨损量减小；当含水率超过 5%时，颗粒吸水逐渐饱和，一方面颗粒中可溶性矿物质水解，导致煤强度降低，另一方面水对煤产生孔隙水压力作用，使其受载时产生很高的孔隙压力，极易使表面微裂纹发生扩展，造成煤颗粒破碎。磨料的原始颗粒被破碎成锐利多角的碎块，使磨损加剧。随着含水率的继续增大，表面水变多，颗粒间黏性变大，使颗粒流动性变差，同时表面水中的酸性物质在金属试样表面产生腐蚀作用，使磨损进一步增大。等高线的形状反映了两种因素交互作用的显著性，一般来讲，椭圆表示交互作用显著，圆形表示交互作用不显著。由图可知，WG 交互作用对磨损量的影响显著。

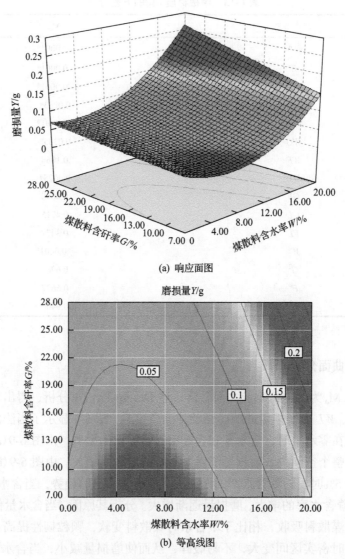

(a) 响应面图

(b) 等高线图

图 6-9 煤散料含水率与煤散料含矸率的交互作用图

图 6-10 显示了当法向载荷及含矸率固定在零水平时,含水率和磨损行程对磨损量的影响。由图 6-10(a)可知,当含水率小于 5%时,随着磨损行程的增大,磨损量的变化减小;当含水率大于 5%时,随着磨损行程的增加,磨损量明显增加。由此可见,磨损行程与含水率具有明显交互作用。

通过响应面分析可知,煤散料含水率是影响磨损的关键性因素,在其与含矸率及磨损行程的交互作用中,磨损量变化更为显著。

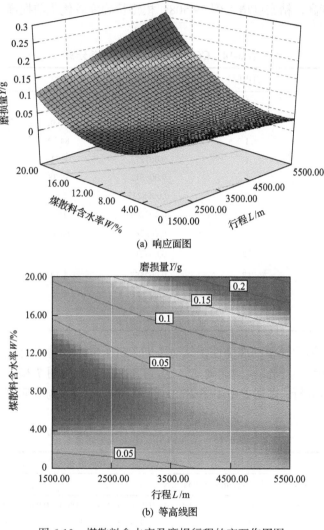

(a) 响应面图

磨损量Y/g

(b) 等高线图

图 6-10　煤散料含水率及磨损行程的交互作用图

6.5.4　基于影响因素的磨损量模型及试验验证

以中板 M_b 为例进行说明，在保证模型极显著、失拟项不显著的基础上去除不显著项，模型简化为

$$Y_{M_b}=0.042697-0.018847W+1.18571\times10^{-3}G+1.04048\times10^{-3}F-8.50833\times10^{-6}L$$
$$+2.05\times10^{-4}WG+2.38\times10^{-6}WL+7.18111\times10^{-4}W^2 \tag{6-17}$$

优化后的模型方差分析如表 6-14 所示。由表可得，优化后的模型各项均达到理想水平。决定系数 R^2=0.9480，校正系数 R^2_{adj}=0.9314，二者均接近于 1，表明拟

合方程可靠度高，精密度增大到 29.508，模型精确度较优化前提高，可用于预测磨损量。

表 6-14　CCD 试验优化模型方差分析

方差来源	自由度	平方和	F 值	P 值
模型	7	0.059	57.28	<0.0001
W	1	0.027	185.02	<0.0001
G	1	0.012	84.20	<0.0001
F	1	0.001273	8.71	0.0074
L	1	0.005612	38.38	<0.0001
WG	1	0.0008237	5.63	0.0268
WL	1	0.002266	15.5	0.0009
W^2	1	0.009282	63.48	<0.0001
残差	22	0.003217	—	—
失拟项	17	0.002557	1.14	0.4835
纯误差	5	0.0006602		
总和	29	0.062	—	—

为验证磨损量模型的准确性，针对不同条件下的磨损量进行试验及预测，结果如表 6-15 所示。预测模型准确率[177]达到 80%以上，应用 T 检验对预测结果及试验结果进行分析，得到 $P=0.493926>0.05$，表明预测结果与真实试验值无显著性差异。

表 6-15　试验结果及模型预测结果

试验序号	试验条件				试验值/g				预测值/g	准确度/%
	含水率/%	含矸率/%	磨损行程/m	法向载荷/N	1	2	3	平均值		
1	15	10	4320	10	0.0758	0.0863	0.0841	0.0821	0.092	88
2	0	25	3840	10	0.074	0.0521	0.049	0.0584	0.0501	86
3	15	25	3840	35	0.1859	0.2211	0.1934	0.2001	0.1689	84.5

通过对其余中板材料进行分析可知，其预测模型如下：

$$Y_{Mb}=0.030322-0.018218W+0.00148G+0.000968F-3.4\times10^{-6}L+1.737\times10^{-4}WG$$
$$+1.85\times10^{-6}WL+7.9\times10^{-4}W^2 \tag{6-18}$$

6.6　本章小结

本章主要内容如下：

(1)通过分析刮板输送机磨损形式，设计并改进销轴式磨料磨损试验机进行磨损试验研究。

（2）通过 PB 因素筛选试验，经过方差分析、帕累托图及主效应图分析，得出影响中部槽磨损的主要因素为含水率、含矸率及法向载荷，另外还得出含水率、含矸率、散料粒度及法向载荷与磨损量成正比，而 HGI 及刮板链速与磨损量成反比。

（3）基于响应法的中心复合设计试验，确定各主要影响因素之间的交互作用关系。根据 CCD 试验结果，建立了显著性参数与磨损量之间的二次回归模型，并对其进行优化，根据其方差分析可知四个显著性参数的一次项（含水率、含矸率、磨损行程及法向载荷）、含水率与含矸率的交互项、含水率与磨损行程的交互项及含水率的二次项对中部槽磨损影响显著。通过响应面分析可知，煤散料含水率是影响磨损的关键性因素，在其与含矸率及磨损行程的交互作用中，磨损量变化更为显著。

第7章　重型刮板输送机结构优化策略

7.1　重型刮板输送机关键零部件结构优化设计

7.1.1　过渡槽结构优化设计

过渡槽在矿井下的应用中常常会出现一些问题，它在转折点处会有链条磨损的痕迹，严重的情况下，过渡槽的中板转折处会被链条磨穿。在使用中发现，过渡槽中板的磨损直接与过渡角 α 有关，当过渡角 α 减小时，中板的磨损量显著降低。对于过渡槽结构，减小过渡角 α 的同时，过渡槽也会增多。因此，在减少磨损时也必然增加了安装与制造的难度。

重型刮板输送机的中板磨损是溜槽使用过程中的关键问题，其运输速度、环境因数以及材料匹配都从不同程度上影响着中板磨损。过渡槽具有溜槽所具有的一切磨损问题，同时，过渡槽转折点的磨损是过渡槽独有的，而该磨损不同于中部槽磨损的主要原因为该处要承受远大于中部槽平直段所承受的法向作用力。因此，对过渡槽磨损点处的接触力分析成为磨损分析的重点。

1. 受力分析

如图 7-1 所示，立环 2 受到链条前进方向的平环 1 的拉力 F_1，还受到反向的平环 3 的拉力 F_2，合力为 F。在链条的实际工作中，F_1 略大于 F_2，为方便分析问题，本节将力近似认为 $F_1=F_2$，这样就可以得到过渡槽 A 点对立环 2 的作用力 F，显然可以得到 $F=2F_1\sin(\alpha/2)=2F_2\sin(\alpha/2)$，由牛顿第三定律可知，立环 2 对过渡槽 A 点的作用力大小为 $2F_1\sin(\alpha/2)$。

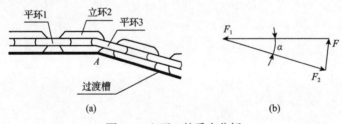

图 7-1　立环 2 的受力分析

2. 降低转折点力的方法

降低立环 2 对转折点 A 的力是减小 A 点磨损的有效手段，由立环 2 的受力分析可知，F 的大小除了与 F_1 或 F_2 有关，还主要与 α 有关，而 α 的大小准确来说应是平环 1 与平环 3 的夹角，并非过渡角。因此，将平环 1 与平环 3 的夹角 α 减小可以有效地降低立环对过渡槽转折点处的力，进而减小转折点处的磨损，如图 7-2 所示。采用圆弧连接可以起到减小 α 的作用，为区别于过渡角 α，在图中，与立环 2 连接的平环 1 和平环 3 之间的夹角为 γ，则平环 3 的 C 点到平环 1 的 B 点分别与过渡圆弧中心 O 点连线的夹角为 γ，故有 $R+2d=p/2\sin(\gamma/4)$（其中 d 为链环直径）。因此，过渡圆弧曲率半径 $R \geqslant p/2\sin(\gamma/4)$，则 R 越大，γ 越小，即作用于过渡槽顶点压力越小。该刮板中部槽使用链环节距为 152mm，若设计爬坡角为 $7°$ 或 $15°$，则在无圆弧过渡时转折点的压力为 $0.122F_1$ 与 $0.261F_1$。表 7-1 为使用圆弧过渡设计时的情况。

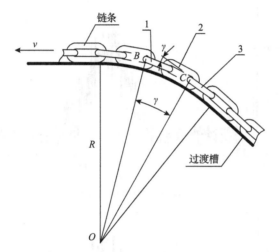

图 7-2　过渡圆弧与链条之间的夹角

表 7-1　改进设计后相关参数

过渡角 /(°)	过渡圆弧曲率 半径/mm	连接同一立环的 平环之间的夹角 γ/(°)	弧形过渡 槽长/mm	顶点承受 压力	顶点压力下降 幅度/%
7	3000	6	365	$0.104F_1$	14.75
7	5000	3.5	609.4	$0.061F_1$	50
15	3000	6	776.46	$0.104F_1$	60.1
15	5000	3.5	1294.1	$0.061F_1$	76.7

由表 7-1 可得，过渡角为 $7°$ 时，采用曲率半径为 3000mm 的圆弧过渡设计可以降低顶点压力 14.75%，而特殊圆弧段过渡槽长仅 365mm；采用曲率半径为 5000mm 的圆弧过渡设计可以降低顶点压力 50%，但仅对 609.4mm 的过渡槽进行特殊处理；过渡角为 $15°$ 时，采取改进设计，顶点压力下降更加明显。

利用多体动力学软件 ADAMS 将改进设计后的过渡槽进行仿真试验以验证优

化设计的效果，试验中得到链条与中板接触力的变化过程，当立环与过渡圆弧段接触时，其接触力达到最大。试验使用过渡角分别为 7° 与 15°，过渡圆弧曲率半径分别为 3m 与 5m。

（1）过渡角相同，过渡圆弧曲率半径不同。

图 7-3 为过渡角为 7°、过渡圆弧曲率半径分别为 3m 和 5m 时的接触力对比曲线。由图可以看出，当过渡圆弧曲率半径为 3m 时，顶点接触力平均值为 1500N，最大值达 1900N；而当过渡圆弧曲率半径为 5m 时，顶点接触力平均值为 800N，最大值达 1100N，较过渡圆弧曲率半径为 3m 时受力平均值下降了 46.7%，与表 7-1 中计算（降低为 41.3%）接近。

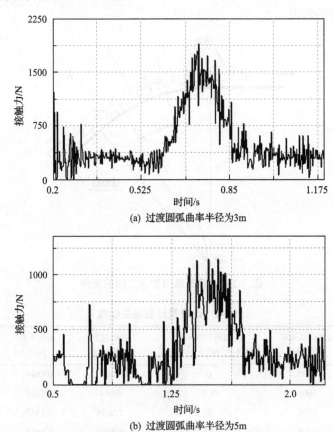

(a) 过渡圆弧曲率半径为3m

(b) 过渡圆弧曲率半径为5m

图 7-3　相同过渡角、不同过渡圆弧曲率半径时接触力对比曲线

（2）过渡圆弧曲率半径相同，过渡角不同。

图 7-4 为过渡角为 7°、15°，且过渡圆弧曲率半径均为 5m 时的接触力曲线。由图可以看出，当过渡角为 7° 时，顶点接触力平均值为 900N；当过渡角为 15° 时，顶点接触力平均值为 850N，但是在过渡角为 7° 时，有个别力的波动较大，但从

平均水平来看，是相当的。

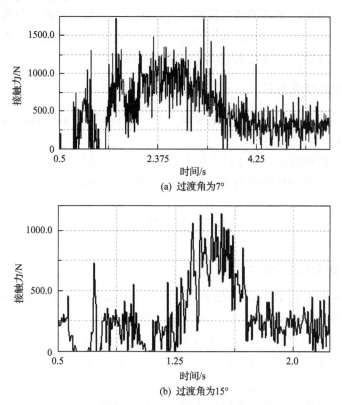

(a) 过渡角为7°

(b) 过渡角为15°

图 7-4　相同过渡圆弧曲率半径、不同过渡角时接触力对比曲线

可以看出，使用大曲率过渡圆弧可以大幅度降低转折点压力，有助于缓减转折点磨损。

7.1.2　链轮结构优化设计

链环与链轮的接触过程是动力传递过程，曲面之间的相对运动会引起链轮链窝曲面磨损，严重情况下会引起断链与爬链等现象。减小链轮与链条的相对运动速度是对链轮进行优化设计的目标。

仔细分析链轮与链条的绕链过程发现，链轮的过度磨损以及链条节距伸长是导致断链与爬链的主要原因。而磨损程度取决于链条与链轮之间接触力的大小以及链轮与链条的相对运动速度等相关因素，链轮链窝齿廓曲面成为链轮结构优化的难点，也是下一步研究的重点。

7.1.3　链环结构优化设计

目前，链环结构为两个圆弧与两个直线段的组合，这种形式的链环在平环与立环连接而进行动力传递过程中，接触面积小，使得单位压力大。在平环与链轮的动力传递过程中，平环的圆弧段在拉力作用下的变形使得链轮与链环接触过程成为点接触，局部压力过大，磨损严重。目前已经对圆环链运行过程的包络曲面进行了分析，并建立了链轮-链条分析的数学模型。

7.1.4　整机结构优化设计

整机结构优化主要包括链轮的驱动方式、刮板间距、链条间距等影响整机结构的参数优化。

液力耦合启动方式是减小冲击的有效措施之一，刮板间距以 1m 为最佳，该刮板输送机采用的刮板间距为 912mm，是一种合适的选择。

7.2　中部槽仿生优化设计

7.2.1　中部槽仿生试样设计

在自然界的生物中，每个种类甚至于每个个体的非光滑表面形貌都存在差异，但是个性中存在共性，许多非光滑形貌在其结构组成上有一定的规律可循，生物非光滑体表形态主要有凸包形、波纹形、凹坑形、鱼鳞形等。一般来说，生活在不同地区的生物，由于外界影响的不同而产生不同的基因变异，从而表现出不同的生物习性，如取食、迁徙等，并出现了各种各样的非光滑体表形态[175]。

将非光滑耐磨形态这一生物体表特征运用到仿生机械结构设计，不但要将生物体表耐磨形态的表面特征考虑在内，而且需要考虑结构的强度、硬度等与生物体表材料物理特性相关的力学参数的差异性、机械构件表面仿生加工的工艺要求以及可行性、机械构件在实际工况下所需的质量状况等[92]。经研究发现，表面凹坑能够减小摩擦副的接触面积，同时凹坑中的空气还可以减小大气负压，起到减黏降阻的效果。表面凹坑还能够起到存储掉落的磨屑的作用，使得由磨粒引起的磨损得到一定的缓解。本节将凹坑形态应用于中部槽仿生结构优化当中，研究表明，中部槽中板的磨损是造成中部槽磨损的主要原因，所以将中部槽中板表面设计为凹坑形非光滑表面形态。许多科研人员已经设计了各类凹坑分布类型，如菱形分布、等差分布、随机分布等，其中耐磨效果最好的分布类型是菱形分布。先前研究涉及的有关凹坑大小、分布密度等特征可以分为两种类型：①微观凹坑，尺寸在几百微米左右；②宏观凹坑，尺寸在几毫米左右。本节结合中部槽的结构和实际工况等，决定将中部槽中板表面设计为菱形分布的圆柱形凹坑，凹坑的相关参数如下，直径为 2～4mm，深度为 3～7mm，间距为 30～50mm。基于此，设计的中部槽仿生试样如图 7-5 所示，左上角为凹坑放大图。

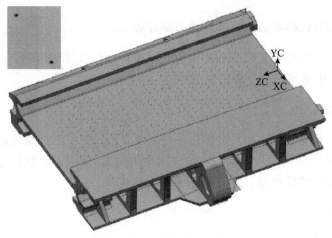

图 7-5　中部槽仿生试样

　　为了得出合理的凹坑参数值，设计正交试验方案，可以将中部槽的磨损原因大致分为外部因素和内部因素。外部因素主要为负载、速度等；内部因素主要为材料属性、表面形貌等。由相关研究的文献可知，凹坑形貌的特征参数对仿生的机械结构表面的耐磨性影响较大，为了得出凹坑参数对非光滑表面耐磨性的影响和确定最优凹坑参数组合，确定四个试验因素，即凹坑直径 A、凹坑深度 B、凹坑横向间距 C（垂直刮板链移动方向）、凹坑纵向间距 D（平行刮板链移动方向）。

　　对于中部槽，其尺寸大且磨损比较严重，所以宜用宏观的方法来设计。查阅有关凹坑参数的文献，并且在进行了大量预试验仿真的基础上，最后由仿真确定凹坑直径取三个值，即 2mm、3mm、4mm；凹坑深度取三个值，即 3mm、5mm、7mm；凹坑横向间距取三个值，即 30mm、40mm、50mm；凹坑纵向间距取三个值，即 30mm、40mm、50mm。采用 $L_9(3^4)$ 四因素三水平正交试验设计，试验共 9 组，试验方案如表 7-2 所示。

表 7-2　正交试验方案

试验号	凹坑直径 A	凹坑深度 B	凹坑横向间距 C	凹坑纵向间距 D
1	1(2mm)	1(3mm)	1(30mm)	2(40mm)
2	1	2(5mm)	2(40mm)	1(30mm)
3	1	3(7mm)	3(50mm)	3(50mm)
4	2(3mm)	1	2	3
5	2	2	3	2
6	2	3	1	1
7	3(4mm)	1	3	1
8	3	2	1	3
9	3	3	2	2

7.2.2　中部槽原试样与仿生试样的静力学分析

为了研究凹坑形非光滑表面形态对中部槽静力学性能的影响，利用 ANSYS Workbench 对中部槽原试样和仿生试样进行静力学分析。

1. 模型建立

静力学分析易收敛，而且计算量不是太大，所以为了更加精确地对中部槽进行静力学分析，本节运用实际工况下的中部槽模型，使用 UG 软件建立中部槽原试样和 9 组仿生试样模型，并导入 Workbench 软件。

2. 网格划分

在进行网格划分时，选择自由网格划分的方法，划分好的整体单元尺寸为 20mm，具体到中部槽中板表面的单元尺寸为 5mm。图 7-6 为经过划分的中部槽网格模型，左上角为凹坑局部网格放大图。

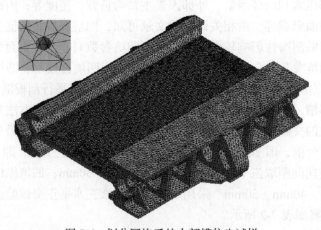

图 7-6　划分网格后的中部槽仿生试样

3. 约束条件及求解

对挡板槽帮与铲板槽帮的下底面进行约束，对中部槽中板的上表面施加作用力 F=14208N，该作用力包含上部分的煤料对中部槽中板的法向载荷和刮板、链的重力施加的载荷，如图 7-7 所示，将载荷步时间设置为 1s，将子步时间设置为 0.1s。

4. 结果分析与对比

中部槽原试样和 5 号仿生试样的等效变形云图分别如图 7-8（a）和（b）所示。图 7-8（a）和（b）的等效变形云图基本上一致，因为中部槽纵向中线处的煤较多，中部槽所承受的力较大并且其中板中间位置的结构强度比较低，所以中板的纵向中线处的变形较大。另外，在中部槽中板表面设置的仿生凹坑的结构作用下，中部槽刚度将受到影响，因此 9 组中部槽仿生试样的中板变形量将会大于中部槽原试样。

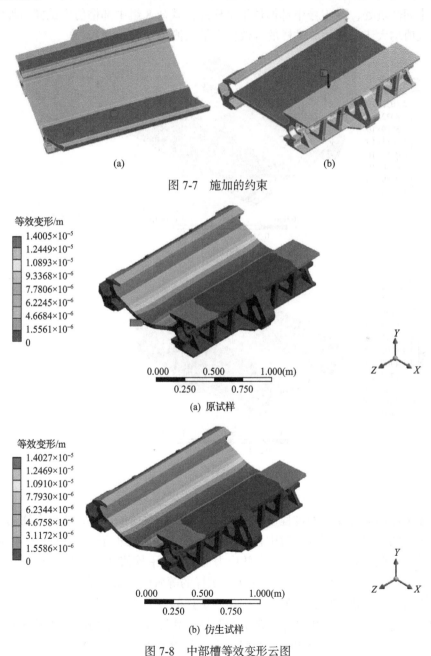

图 7-7　施加的约束

图 7-8　中部槽等效变形云图

中部槽原试样和 5 号中部槽仿生试样的等效应力云图如图 7-9(a)和(b)所示。通过对图 7-9(a)观察可知，等效应力最大处发生在挡板槽帮肋板圆角处，另外纵向中线位置处也有较大的等效应力。通过对中部槽仿生试样云图(图 7-9(b))观察发现，因为凹坑的存在，9 组中部槽仿生试样的等效应力最大值都出现在中部槽中板中间凹坑处，除 1 号中部槽仿生试样外，其余 8 组中部槽仿生试样的等效应力最大值均大于中部槽原试样的等效应力最大值。

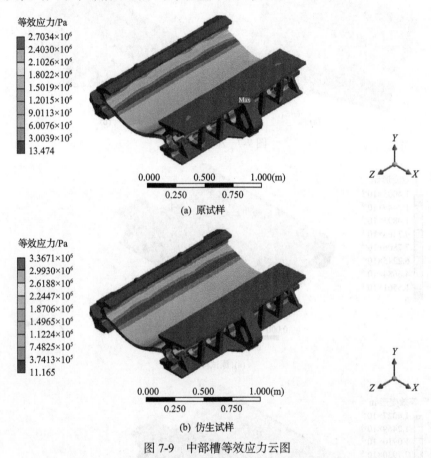

图 7-9 中部槽等效应力云图

在中部槽运输煤料的过程中，中板是承载主要载荷的部件，所以在使用过程中，中板的磨损最为严重。对中板部分的等效应力数据进行进一步分析，以研究中板受力情况。中板部分节点的等效应力最大值、平均值和标准差如表 7-3 所示。

表 7-3 的数据表明，9 组中部槽仿生试样的等效应力最大值除了 1 号，其余均大于光滑的中部槽试样；另外，9 组仿生试样的等效应力平均值，相较于光滑中部槽试样略小，6 号仿生试样表现最为明显，其等效应力平均值降低了 8.1%；9 组试样的等效应力标准差也比原光滑表面中部槽要小，6 号试样标准差最小，其

表 7-3 等效应力结果数据

试验序号	中板等效应力最大值/Pa	中板等效应力平均值/Pa	中板等效应力标准差/Pa
原试样	2491810	105588	179681
1	2399698	103851	177912
2	2951400	99190	170208
3	2937698	98757	169118
4	3158879	105013	179596
5	3367077	100924	172963
6	3781237	97028	166691
7	3004547	104955	179586
8	3508133	101695	174334
9	3079997	100077	171470

降低了 7.2%。分析认为，一方面，仿生凹坑的存在使得中板表面刚度变小且易发生形变，导致等效应力较大；另一方面，凹坑的受力变形表现出方向差异性，进而使得凹坑周围产生低应力和高应力区，如图 7-10 所示。而正是由于这些高低应力区的存在，起到了应力缓释的作用，从而降低了等效应力平均值及标准差。表面的磨损通常是因为部分区域的应力过大而首先产生磨屑，再由磨屑引发的牵连效应使得磨损加剧。仿生凹坑的设计使中板表面的凹坑结构具有应力缓释效应，进而使中板表面的受力得到改善，从而增强表面的耐磨性能。

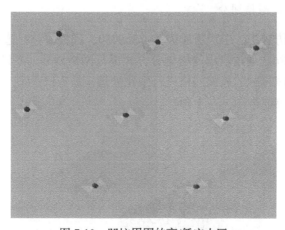

图 7-10 凹坑周围的高/低应力区

7.2.3 中部槽原试样与仿生试样的摩擦接触分析

为探讨有关凹坑形非光滑表面形态对中部槽的摩擦接触性能的影响，本节利用 ANSYS 软件对中部槽原试样和仿生试样进行摩擦接触分析。

1. 模型建立

接触分析是一种高度的非线性分析，一方面，它存在计算难于收敛的情况；另一方面，对于表面仿生凹坑的设计，划分网格后的单元数量较大，整体计算量大，且有可能出现计算失败的情况。基于此，本节在对中部槽与刮板的摩擦接触进行研究时，首先使用经过简化后的中部槽和刮板模型，其次将凹坑布置在刮板滑动范围内，这样做既提高了运算速度，也不影响最终的分析结果。图 7-11 为刮板与 5 号中部槽仿生试样的接触模型。

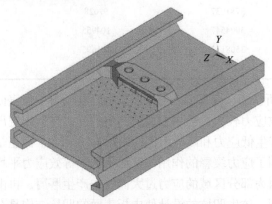

图 7-11　刮板与凹坑中部槽接触模型

2. 材料属性及网格划分

在仿生中板仿真中，中板材质为 Hardox450，刮板的材料选用 16Mn2。选择实体单元 Solid186，通过自由网格划分方式进行网格划分，在设置合适的单元尺寸的同时对有摩擦接触的表面网格进行细化处理。图 7-12 为划分好的中部槽网格结果，细化的凹坑放大图见左上角。

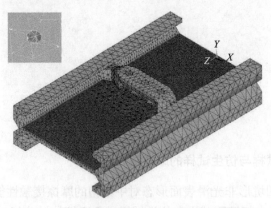

图 7-12　划分网格后的刮板与凹坑中部槽模型

3. 接触及约束定义

定义接触对时选择三维接触单元 Targe170 和 Conta174，接触面及目标面分别为中部槽中板上表面及刮板底面，法向接触刚度因子 FKN 为 0.1，摩擦系数设为 0.6。选择多载荷步加载的方式，载荷步一模拟煤料装载过程，将中部槽左右两侧面和前后两端面全部约束，并且约束刮板后端面 X 向位移，对刮板上表面施加等效压力载荷，等效压力载荷按 6.2.6 节法向载荷计算获得。设置载荷步时长 T_1 为 0.05s，子步长 t_1 为 0.005s。载荷步二模拟运输煤料过程，使刮板向前运动 50mm，设置载荷步时长 T_2 为 0.1s，子步长 t_2 为 0.001s。通过设置其他选项来保证接触分析过程的收敛性。约束及载荷的施加如图 7-13 所示。

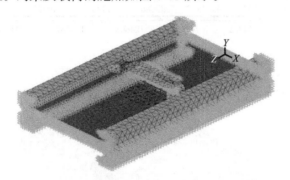

图 7-13　施加的约束

4. 结果分析与对比

因为刮板与中部槽摩擦接触前期和后期为不稳定接触阶段，所以本节将接触中期的计算结果作为分析对象。图 7-14 为刮板与中部槽摩擦接触处于中期时(刮板移动 25mm 时)的等效应力云图。中部槽原试样与仿生试样的等效应力云图基本一致，刮板和紧固螺栓两端边缘处的等效应力较大，大约是附近等效应力的 2 倍。

刮板与中部槽摩擦接触处于中期时的表面接触应力云图如图 7-15 所示。刮板与中部槽中板摩擦接触时，中板表面的等效应力和接触应力的最大值都出现在刮板两侧和紧固螺栓两端，而且出现了比较明显的应力集中。分析认为，刮板与中部槽中板摩擦接触时，刮板就像一把"钝刀具"，刮板两侧和紧固螺栓两端就像"刀刃"对中部槽中板进行剪切，剪切累积的循环将会使中部槽的中板产生塑形变形，逐渐会产生疲劳剥落而造成严重磨损。

本节目的是对中部槽中板表面的受力状况进行更加深入的研究，表 7-4 为中部槽原试样和 9 组仿生试样与刮板位于中期时的摩擦接触的接触应力最大值、平均值和标准差(仅考虑接触范围内的节点数据)。由表 7-4 可知，9 组中部槽仿生试样中有 5 组中部槽仿生试样的中板表面接触应力的最大值小于中部槽原试样，在

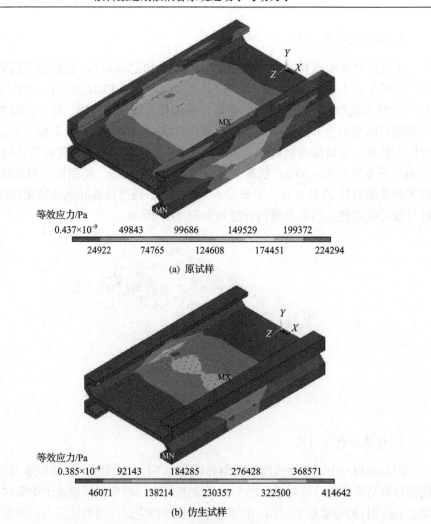

等效应力/Pa

| 0.437×10⁻⁹ | | 49843 | | 99686 | | 149529 | | 199372 | |
| 24922 | | 74765 | | 124608 | | 174451 | | 224294 |

(a) 原试样

等效应力/Pa

| 0.385×10⁻⁹ | | 92143 | | 184285 | | 276428 | | 368571 | |
| 46071 | | 138214 | | 230357 | | 322500 | | 414642 |

(b) 仿生试样

图 7-14　中部槽等效应力云图

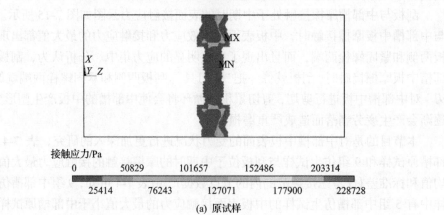

接触应力/Pa

| 0 | | 50829 | | 101657 | | 152486 | | 203314 | |
| 25414 | | 76243 | | 127071 | | 177900 | | 228728 |

(a) 原试样

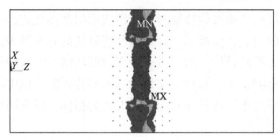

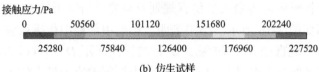

(b) 仿生试样

图 7-15　中部槽中板表面接触应力云图

表 7-4　接触应力结果数据

试验序号	中板表面接触应力最大值/Pa	中板表面接触应力平均值/Pa	中板表面接触应力标准差/Pa
原试样	228728	1518	2927
1	225973	1267	2449
2	200360	1429	2755
3	211543	1971	3449
4	219211	1466	2828
5	227520	1664	3206
6	246429	1451	2797
7	282648	1473	2846
8	259943	1658	3198
9	250008	1425	2747

各个仿生试样的表面接触应力的最大值中，2 号仿生试样的最大值最小，与中部槽原试样相比减少了 12.4%；在各个仿生试样的表面接触应力的平均值中，有 6 组中部槽仿生试样的表面接触应力平均值小于中部槽原试样，其中 1 号中部槽仿生试样的中板表面接触应力平均值最小，与中部槽原试样相比减少了 16.5%；在各组的中部槽中板表面接触应力标准差中，有 6 组仿生试样的中部槽中板表面接触应力标准差小于中部槽原试样，其中 1 号中部槽仿生试样的中板表面接触应力标准差最小，与中部槽原试样相比降低了 16.3%。

7.2.4　中部槽仿生最优设计

1. 静力学等效应力结果极差分析

非光滑表面的仿生设计的耐磨性能受材料、工作条件、力学性能和表面形貌的综合影响。凹坑的结构参数特征对非光滑表面耐磨性能的影响规律一直是相关学者和专家聚焦的重点，而找到一种耐磨性能极佳的非光滑表面形貌是探讨该耐磨理论的一个最主要的目的。为了进一步探讨凹坑结构参数特征对中部槽中板静力学等效应力的影响，本节采用正交试验的极差分析法，以中部槽中板的等效应力最大值、等效应力平均值和等效应力标准差为指标，研究凹坑结构参数的最优组合。

中部槽中板等效应力最大值仿真规划及极差分析结果如表 7-5 所示，各影响因素的效应图如图 7-16 所示。结果表明，影响中部槽中板等效应力最大值的主次因素顺序为凹坑直径 A>凹坑深度 B>凹坑纵向间距 D>凹坑横向间距 C；在本次试验中，凹坑结构参数选择 $A_1B_1C_1D_2$ 的中板等效应力最大值最小，具体尺寸为凹坑直径 2mm、凹坑深度 3mm、凹坑横向间距 30mm、凹坑纵向间距 40mm；通过对中部槽中板等效应力最大值的指标估计，确定最优组合为 $A_1B_1C_2D_2$，具体参数为凹坑直径 2mm、凹坑深度 3mm、凹坑横向间距 40mm、凹坑纵向间距 40mm。

表 7-5　等效应力最大值结果极差分析

试验号		凹坑直径 A	凹坑深度 B	凹坑横向间距 C	凹坑纵向间距 D	中板等效应力最大值 Y/Pa
1		1(2mm)	1(3mm)	1(30mm)	2(40mm)	2399698
2		1	2(5mm)	2(40mm)	1(30mm)	2951400
3		1	3(7mm)	3(50mm)	3(50mm)	2937698
4		2(3mm)	1	2	3	3158879
5		2	2	3	2	3367077
6		2	3	1	3	3781237
7		3(4mm)	1	3	1	3004547
8		3	2	1	3	3508133
9		3	3	3	2	3079997
K_g/Pa	K_{g1}	8288796	8563124	9689068	9737184	(Y_g) 28188666
	K_{g2}	10307193	9826610	9190276	8846772	
	K_{g3}	9592677	9798932	9309322	9604710	
K_{pi}/Pa	K_{p1}	2762932	2854375	3229689	3245728	(Y_p) 3132074
	K_{p2}	3435731	3275537	3063425	2948924	
	K_{p3}	3197559	3266311	3103107	3201570	
极差 R_g/Pa		672799	421162	166264	296804	—

注：K_{gi} 为每个因素在各个水平下的指标总和；K_{pi} 为每个因素在各个水平下的指标总和的平均值。

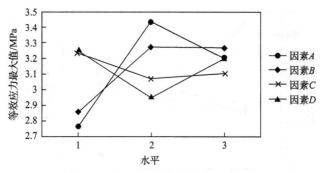

图 7-16　等效应力最大值因素水平效应图

　　中部槽中板等效应力平均值仿真规划及极差分析结果如表 7-6 所示，各影响因素的效应图如图 7-17 所示。结果表明，影响中部槽中板等效应力平均值的结构参数因素主次顺序为凹坑深度 B>凹坑直径 A>凹坑纵向间距 D>凹坑横向间距 C；本次试验中，中部槽中板等效应力平均值最小的优选因素水平为 $A_2B_3C_1D_1$，具体数值为凹坑直径 3mm、凹坑深度 7mm、凹坑横向间距 30mm、凹坑纵向间距 30mm；通过对中部槽中板等效应力平均值进行指标估计，确定最优组合为 $A_1B_3C_1D_1$，具体数值为凹坑直径 2mm、凹坑深度 7mm、凹坑横向间距 30mm、凹坑纵向间距 30mm。

表 7-6　等效应力平均值结果极差分析

试验号		凹坑直径 A	凹坑深度 B	凹坑横向间距 C	凹坑纵向间距 D	中板等效应力平均值 Y/Pa
1		1(2mm)	1(3mm)	1(30mm)	2(40mm)	103851
2		1	2(5mm)	2(40mm)	1(30mm)	99190
3		1	3(7mm)	3(50mm)	3(50mm)	98757
4		2(3mm)	1	2	3	105013
5		2	2	3	2	100924
6		2	3	1	1	97028
7		3(4mm)	1	3	1	104955
8		3	2	1	3	101695
9		3	3	2	2	100077
K_{gi}/Pa	K_{g1}	301798	313819	302574	301173	(Y_g) 911490
	K_{g2}	302965	301809	304280	304852	
	K_{g3}	306727	295862	304636	305465	
K_{pi}/Pa	K_{p1}	100599	104606	100858	100391	(Y_p) 101277
	K_{p2}	100988	100603	101427	101617	
	K_{p3}	102242	98621	101545	101822	
极差 R_g/Pa		1643	5986	687	1431	—

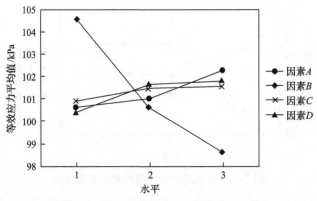

图 7-17 等效应力平均值因素水平效应图

中部槽中板等效应力标准差的仿真规划及极差分析结果如表 7-7 所示，各影响因素的效应图如图 7-18 所示。结果表明，影响中部槽中板等效应力标准差的凹坑结构参数因素主次顺序为凹坑深度 B>凹坑直径 A>凹坑纵向间距 D>凹坑横向间距 C；因素水平为 $A_2B_3C_3D_1$ 的中部槽中板等效应力标准差是最小的，具体数值为凹坑直径 3mm、凹坑深度 7mm、凹坑横向间距 30mm、凹坑纵向间距 30mm；通过对中部槽中板等效应力标准差进行指标估计，确定最优组合为 $A_1B_3C_1D_1$，具体数值为凹坑直径 2mm、凹坑深度 7mm、凹坑横向间距 30mm、凹坑纵向间距 30mm。

表 7-7 等效应力标准差结果极差分析

试验号		凹坑直径 A	凹坑深度 B	凹坑横向间距 C	凹坑纵向间距 D	中板等效应力标准差 Y/Pa
1		1(2mm)	1(3mm)	1(30mm)	2(40mm)	177912
2		1	2(5mm)	2(40mm)	1(30mm)	170208
3		1	3(7mm)	3(50mm)	3(50mm)	169118
4		2(3mm)	1	2	3	179596
5		2	2	3	2	172963
6		2	3	1	1	166691
7		3(4mm)	1	3	1	179586
8		3	2	1	3	174334
9		3	3	2	2	171470
K_g/Pa	K_{g1}	517238	537094	518937	516485	(Y_g) 1561878
	K_{g2}	519250	517505	521274	522345	
	K_{g3}	525390	507279	521667	523048	
K_p/Pa	K_{p1}	172413	179031	172979	172162	(Y_p) 173542
	K_{p2}	173083	172502	173758	174115	
	K_{p3}	175130	169093	173889	174349	
极差 R_g/Pa		2717	9938	910	2187	—

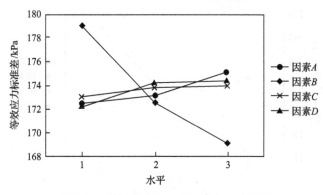

图 7-18　等效应力标准差因素水平效应图

2. 摩擦接触应力结果极差分析

为了探究凹坑结构参数对中部槽中板表面摩擦接触应力的关系，并寻找凹坑结构参数的优选组合，本节采用正交试验的极差分析法，以中部槽中板表面的接触应力最大值、等效应力平均值和等效应力标准差为指标展开分析。

表 7-8 为中板表面接触应力最大值的仿真规划及分析结果，凹坑结构因素的效应图如图 7-19 所示。分析表明，影响中板表面接触应力最大值的各因素的主次

表 7-8　接触应力最大值结果极差分析

试验号		凹坑直径 A	凹坑深度 B	凹坑横向间距 C	凹坑纵向间距 D	中板接触应力最大值 Y/Pa
1		1(2mm)	1(3mm)	1(30mm)	2(40mm)	225973
2		1	2(5mm)	2(40mm)	1(30mm)	200360
3		1	3(7mm)	3(50mm)	3(50mm)	211543
4		2(3mm)	1	2	3	219211
5		2	2	3	2	227520
6		2	3	1	1	246429
7		3(4mm)	1	3	1	282648
8		3	2	1	3	259943
9		3	3	2	2	250008
K_{gi}/Pa	K_{g1}	637876	727832	732345	729437	(Y_g) 2123635
	K_{g2}	693160	687823	669579	703501	
	K_{g3}	792599	707980	721711	690697	
K_{pi}/Pa	K_{p1}	212625	242611	244115	243146	(Y_p) 235960
	K_{p2}	231053	229274	223193	234500	
	K_{p3}	264200	235993	240570	230232	
极差 R_g/Pa		51574	13336	20922	12913	—

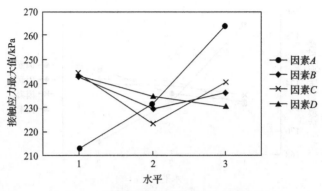

图 7-19　接触应力最大值因素水平效应图

顺序为凹坑直径 A>凹坑横向间距 C>凹坑深度 B>凹坑纵向间距 D；因素水平为 $A_1B_2C_2D_1$ 的中部槽中板表面接触应力最大值是最小的，具体数值为凹坑直径 2mm、凹坑深度 5mm、凹坑横向间距 40mm、凹坑纵向间距 30mm；通过对中部槽中板接触应力最大值进行指标估计，确定最优组合为 $A_1B_2C_2D_3$，具体数值为凹坑直径 2mm、凹坑深度 5mm、凹坑横向间距 40mm、凹坑纵向间距 50mm。

表 7-9 为中板表面接触应力平均值的仿真规划及分析结果，凹坑结构因素的效应图如图 7-20 所示。分析表明，影响中板表面接触应力平均值的各因素的主次

表 7-9　接触应力平均值结果极差分析

试验号		凹坑直径 A	凹坑深度 B	凹坑横向间距 C	凹坑纵向间距 D	中板接触应力平均值 Y/Pa
1		1(2mm)	1(3mm)	1(30mm)	2(40mm)	1266.5
2		1	2(5mm)	2(40mm)	1(30mm)	1428.6
3		1	3(7mm)	3(50mm)	3(50mm)	1971.2
4		2(3mm)	1	2	3	1466.2
5		2	2	3	2	1664.2
6		2	3	1	1	1451.2
7		3(4mm)	1	3	1	1473.7
8		3	2	1	3	1658.4
9		3	3	2	2	1425.5
K_{gi}/Pa	K_{g1}	4666.3	4206.4	4376.1	4353.5	(Y_g) 13805.5
	K_{g2}	4581.6	4751.2	4320.2	4356.2	
	K_{g3}	4557.6	4847.9	5109.1	5095.8	
K_{pi}/Pa	K_{p1}	1555.43	1402.13	1458.70	1451.17	(Y_p) 1533.94
	K_{p2}	1527.20	1583.73	1440.07	1452.07	
	K_{p3}	1519.20	1615.97	1703.03	1698.60	
极差 R_g/Pa		36.23	213.84	262.96	247.43	—

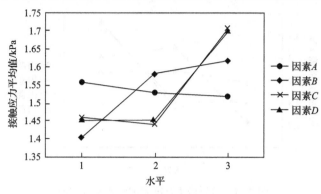

图 7-20　接触应力平均值因素水平效应图

顺序为凹坑横向间距 C>凹坑纵向间距 D>凹坑深度 B>凹坑直径 A；因素水平为 $A_1B_1C_1D_2$ 的中部槽中板表面接触应力平均值是最小的，具体数值为凹坑直径 2mm、凹坑深度 3mm、凹坑横向间距 30mm、凹坑纵向间距 40mm；通过对中部槽中板接触应力平均值进行指标估计，确定最优组合为 $A_3B_1C_2D_1$，具体数值为凹坑直径 4mm、凹坑深度 3mm、凹坑横向间距 40mm、凹坑纵向间距 30mm。

表 7-10 为中板表面接触应力标准差的仿真规划及分析结果，凹坑结构因素的效应图如图 7-21 所示。分析表明，影响中板表面接触应力标准差的各因素的主次

表 7-10　接触应力标准差结果极差分析

试验号		凹坑直径 A	凹坑深度 B	凹坑横向间距 C	凹坑纵向间距 D	中板接触应力 标准差/Pa
	1	1(2mm)	1(3mm)	1(30mm)	2(40mm)	2448.9
	2	1	2(5mm)	2(40mm)	1(30mm)	2755.0
	3	1	3(7mm)	3(50mm)	3(50mm)	3449.4
	4	2(3mm)	1	2	3	2827.9
	5	2	2	3	2	3205.9
	6	2	3	1	1	2797.0
	7	3(4mm)	1	3	1	2846.7
	8	3	2	1	3	3198.5
	9	3	3	2	2	2747.0
	K_{g1}	8653.3	8123.5	8444.4	8398.7	
K_{g}/Pa	K_{g2}	8830.8	9159.4	8329.9	8401.8	(Y_g) 26276.3
	K_{g3}	8792.2	8993.4	9502.0	9475.8	
	K_{p1}	2884.43	2707.83	2814.80	2799.57	
K_{p}/Pa	K_{p2}	2943.60	3053.13	2776.63	2800.60	(Y_p) 2919.59
	K_{p3}	2930.73	2997.80	3167.33	3158.60	
极差 R_g/Pa		59.17	345.30	390.70	359.03	—

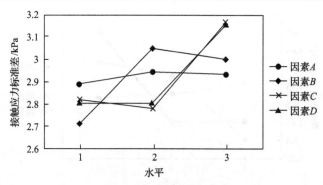

图 7-21　接触应力标准差因素水平效应图

顺序为凹坑横向间距 C>凹坑纵向间距 D>凹坑深度 B>凹坑直径 A；因素水平为 $A_1B_1C_1D_2$ 的中部槽中板表面接触应力标准差是最小的，具体数值为凹坑直径 2mm、凹坑深度 3mm、凹坑横向间距 30mm、凹坑纵向间距 40mm；通过对中部槽中板接触应力标准差进行指标估计，确定最优组合为 $A_1B_1C_2D_1$，具体数值为凹坑直径 2mm、凹坑深度 3mm、凹坑横向间距 40mm、凹坑纵向间距 30mm。

　　以正交试验的结果作为估计优选组合的指标，在静力学仿真试验中，以中部槽中板等效应力最大值结果作为指标得到的 1 号优选结构组合为 $A_1B_1C_2D_2$，以中部槽中板等效应力平均值和标准差结果作为指标得到的 2 号优选结构组合为 $A_1B_3C_1D_1$；在摩擦接触仿真试验中，以中部槽中板表面接触应力最大值结果作为指标得到的 3 号优选结构组合为 $A_1B_2C_2D_3$，以中部槽中板表面接触应力平均值结果作为指标得到的 4 号优选结构组合为 $A_3B_1C_2D_1$，以中部槽中板表面接触应力标准差结果作为指标得到的 5 号优选结构组合为 $A_1B_1C_2D_1$。经过指标估计得出的优选结果有时并不一定就是最合适的结构组合，还需要对其进一步仿真验证。分别选择两组静力学组合(表 7-11)及三组摩擦学组合(表 7-12)进行仿真验证。

表 7-11　静力学优选组合结果数据

优选组合	中板等效应力最大值/Pa	中板等效应力平均值/Pa	中板等效应力标准差/Pa
1 号	2354624	101716	174309
2 号	2899091	96386	165599

表 7-12　接触分析优选组合结果数据

优选组合	中板接触应力最大值/Pa	中板接触应力平均值/Pa	中板接触应力标准差/Pa
3 号	218279	1718	3307
4 号	248720	1472	2846
5 号	220143	1191	2316

在进行中部槽中板仿生研究时，其凹坑表面的最优参数设计不但要确保凹坑形中部槽的静力学性能和摩擦接触性能满足使用要求，而且要考虑到凹坑形貌的加工工艺和难度，以确定其加工的可靠性。因此，最后优选的凹坑参数还需要经过工业磨损试验进行最后的确定。

7.2.5　凹坑形貌参数对中部槽耐磨性的影响

为了确定凹坑形貌参数对中部槽中板耐磨性能的影响，本节采用两矩形块对刮板-中部槽摩擦副进行模拟。因为圆形凹坑尺寸较小，所以在 ANSYS 软件中需要划分较小的网格才能够划分出圆形凹坑，由此带来的问题是计算量大，计算机容易死机。为了解决这一问题，本节提出采用正方形凹坑近似代替圆形凹坑的方法，而且经过定量计算发现，试验结果误差对最后的试验结果的影响可以忽略不计。凹坑表面的参数化分析模型通过 ANSYS 软件和 APDL（ANSYS parametric design language，ANSYS 参数化设计语言）建立，试验选择单因素试验，研究凹坑边长、深度和间距对非光滑表面耐磨性能的影响规律。

上矩形块材料选择 Hardox450，设计尺寸为 30mm×30mm×20mm，下矩形块材料选择 16Mn2，设计尺寸为 100mm×30mm×30mm。采用 APDL 建模，以减少试验建模所需要的时间。网格划分使用 8 节点三维体 Solid185 单元进行自由网格划分，将全局网格尺寸及接触网格尺寸分别设置为 10mm 和 3mm，为了提高计算的精度，本节对凹坑处进行局部细化处理。网格划分结果如图 7-22 所示。

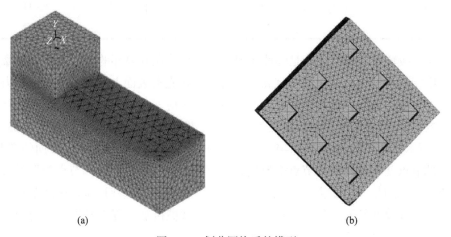

(a)　　　　　　　　　　　　　　　　　　　(b)

图 7-22　划分网格后的模型

接触对通过三维接触单元 Targe170 和 Conta174 来定义，凹坑表面为接触面，下矩形块的上表面为目标面，定义摩擦系数 μ 为 0.6。本节使用两个载荷步完成加载的过程，在第一个载荷步中对下矩形块的下表面采用全约束，对上矩形块的上表面约束 X 及 Z 方向且在 $-Y$ 方向施加 1000Pa 的载荷 P；在第二个载荷步中对上矩形块施加 X 方向 70mm 的位移。第一个载荷步的目的是使摩擦副充分接触，第二个载荷步的目的是实现滑动摩擦。针对接触分析的高度非线性特质，需合理设置相关求解选项。

凹坑结构参数包括凹坑边长 D、凹坑深度 H 和凹坑间距 S，本节使用单因素试验方法设计了 21 组试验，研究这些参数对磨损性能的影响，如表 7-13 所示。1～7 号试样固定凹坑深度 H 和间距 S 分别为 8mm 和 10mm，凹坑边长 D 为变量，取 1～7mm；8～14 号试样固定凹坑边长 D 和间距 S 分别为 2mm 和 10mm，凹坑深度 H 为变量，取 2～8mm；15～21 号试样固定凹坑边长 D 和深度 H 分别为 2mm 和 7mm，凹坑间距 S 为变量，取 6～12mm。

表 7-13　单因素试验设计

H=8mm　S=10mm		D=2mm　S=10mm		D=2mm　H=7mm	
试样序号	D/mm	试样序号	H/mm	试样序号	S/mm
1	1	8	2	15	6
2	2	9	3	16	7
3	3	10	4	17	8
4	4	11	5	18	9
5	5	12	6	19	10
6	6	13	7	20	11
7	7	14	8	21	12

应力缓释机理为应变能是弹性体因变形而存储在其内部的能量[179]。假设摩擦过程中能量守恒，由相关的文献和试验得知，非光滑表面上的凹坑会有一些力学性能的改变。例如，易发生形变而产生更大的压应变能和弯应变能，起到缓释应力的效果。摩擦矩形块中间截面在 Y 方向和 Z 方向上的等效变形云图如图 7-23(a) 和 (b) 所示。图 7-23(a) 表明，$-Y$ 向的压力作用导致各个节点产生 $-Y$ 方向的变形，且上部节点变形量比下部节点变形量大，前部节点变形量比后部节点变形量大；图 7-23(b) 表明，在 Z 方向上也产生了变形，且两侧节点变形量比中间节点变形量大。由等效变形云图分析可知，凹坑表面在摩擦接触过程中发生 Y 方向和 Z 方向的变形而产生应变能。

对凹坑单元进行研究，如图 7-24 所示，图 7-24(a) 为图 7-23(a) 中的 1 号凹坑，图 7-24(b) 为图 7-23(a) 中的 2 号凹坑。

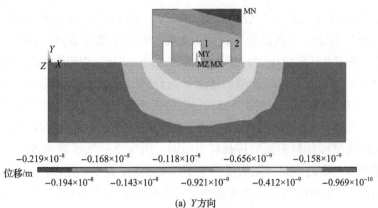

$$-0.219\times10^{-8} \quad -0.168\times10^{-8} \quad -0.118\times10^{-8} \quad -0.656\times10^{-9} \quad -0.158\times10^{-9}$$

位移/m

$$-0.194\times10^{-8} \quad -0.143\times10^{-8} \quad -0.921\times10^{-9} \quad -0.412\times10^{-9} \quad -0.969\times10^{-10}$$

(a) Y 方向

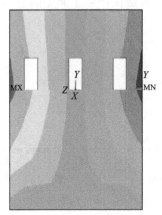

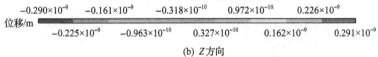

$$-0.290\times10^{-9} \quad -0.161\times10^{-9} \quad -0.318\times10^{-10} \quad 0.972\times10^{-10} \quad 0.226\times10^{-9}$$

位移/m

$$-0.225\times10^{-9} \quad -0.963\times10^{-10} \quad 0.327\times10^{-10} \quad 0.162\times10^{-9} \quad 0.291\times10^{-9}$$

(b) Z 方向

图 7-23　中间截面 Y 和 Z 方向节点位移云图

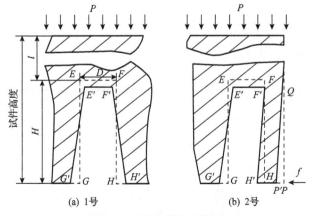

(a) 1号　　　　　　　　　(b) 2号

图 7-24　凹坑单元变形图

　　由图 7-24 可知，在压力载荷 P 的作用下，1 号和 2 号凹坑均产生了压缩变形，EF 变为 $E'F'$，因此 EF 截面处承载面积变大，而 GH 变为 $G'H'$，GH 截面处承载面积变小。图 7-25（a）和（b）为光滑试样和非光滑（凹坑）试样中间截面等效应力云图。因为 EF 截面处产生变形吸收能量，与此同时其截面处承载面积变大，所以 EF 截面处出现低应力区。如图 7-25（a）和（b）所示，光滑试样与凹坑试样中间截面等效应力云图具有相似性，区别为凹坑试样的顶端产生了低应力区。图 7-26 为光滑试样和凹坑试样接触表面的接触应力云图。因为 2 号凹坑首先接触，所以不但发生压缩变形，而且因摩擦阻力而产生了弯曲变形，HP 变为 $H'P'$，2 号凹坑除了在 EF 截面处产生低应力区，还在接触前端表面产生应力缓释效果，如图 7-26（a）和（b）所示，在仿生试样的接触面产生了典型的应力缓冲带。

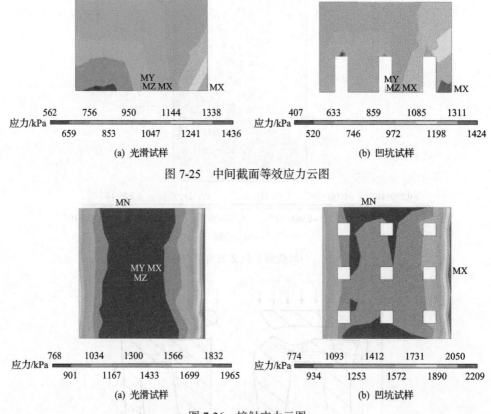

（a）光滑试样　　　　　　　　　　　　　（b）凹坑试样

图 7-25　中间截面等效应力云图

（a）光滑试样　　　　　　　　　　　　　（b）凹坑试样

图 7-26　接触应力云图

　　总之，非光滑表面的凹坑结构在摩擦接触过程中会因压缩变形而产生压应变能 W_y，产生的弯曲变形引起的弯应变能 W_w 具有均布应力、吸收能量和缓释应力的效果，从而使得非光滑表面的耐磨性得到进一步增强。凹坑变形产生的应变能

越多，吸收能量就越多，凹坑表面缓释应力能力越强，非光滑表面耐磨性能就越好。依照应变能理论，可得轴向压杆的应变能公式为

$$W_\delta = \frac{F_N^2 l_0}{2EA} \tag{7-1}$$

式中，F_N 为轴向压力；l_0 为杆长；E 为材料弹性模量；A 为杆件截面面积。

可将仿生试样在 Y 向的受力看成杆件的轴向受压，由此将其在摩擦接触中产生的压应变能分为无坑处及有坑处，即 W_{y1} 和 W_{y2}，由式 (7-1) 得

$$W_{y1} = \frac{F_{N1}^2 l}{2ES} = \frac{P^2 Sl}{2E} \tag{7-2}$$

$$W_{y2} = \frac{F_{N1}^2 H}{2ES_a} = \frac{P^2 S^2 H}{2ES_a} \tag{7-3}$$

$$F_{N1} = PS \tag{7-4}$$

则凹坑试样在接触过程中产生的总压应变能 W_y 为

$$W_y = W_{y1} + W_{y2} = \frac{P^2 Sl}{2E} + \frac{P^2 S^2 H}{2ES_a} \tag{7-5}$$

式中，F_{N1} 为凹坑试件等效轴向力；P 为压力载荷；S 为无凹坑段试样截面面积(等于图 7-26(a) 所示的接触面面积)；S_a 为凹坑段试件截面面积(等于图 7-26(b) 所示的接触面面积)；H 为凹坑深度；l 为试件无凹坑段长度(图 7-24)。

由应变能理论可知，弯曲悬臂梁的应变能公式为

$$W_\theta = \frac{M_e^2 l_1}{2EI} \tag{7-6}$$

式中，M_e 为弯曲力矩；l_1 为梁长度；I 为截面惯性矩。

凹坑试样前端(图 7-24 中 $FHPQ$ 部分)的受力可近似看成数个长为 H、高为 D、宽为 b 的矩形悬臂梁受弯，由式 (7-6) 可知，凹坑试件在接触过程中产生的弯应变能 W_w 为

$$W_w = \frac{n M_{e1}^2 H}{2EI_1} = \frac{6n f^2 H^3}{EDb^3} \tag{7-7}$$

式中，n 为试件前端凹坑个数；M_{e1} 为凹坑试件前端等效弯矩，

$$M_{e1} = fH \tag{7-8}$$

f 为接触面摩擦阻力；I_1 为凹坑试件前端等效矩形面惯性矩，

$$I_1 = \frac{Db^3}{12} \tag{7-9}$$

其中 D 为凹坑边长，b 为 2 号凹坑右侧面 FH 与试件右侧面 PQ 的距离。

耐磨性是指材料抵抗磨损的能力，非光滑试件受力条件越恶劣，材料越容易磨损，则其耐磨性越差[180]。本节研究不同凹坑结构参数下表面接触应力，分析结构参数对耐磨性的影响。图 7-27～图 7-29 为接触应力最大值、接触应力平均值和接触应力标准差随凹坑参数的变化曲线。由图 7-27～图 7-29 可知，凹坑参数对耐磨性的影响的主次顺序为凹坑边长 D>凹坑间距 S>凹坑深度 H。由图 7-27(a)、图 7-28(a)、图7-29(a)可知，凹坑的存在导致试样表面受力面变小，因此带凹坑的表面的接触应力最大值均较光滑表面大。而图 7-27(b)和(c)、图 7-28(b)和(c)、图 7-29(b)和(c)反映出，由于凹坑结构具有应力缓释效应，凹坑表面的接触应力平均值和接触应力标准差大部分小于光滑试样表面。在摩擦副中，接触面的受力不均会导致受力较大处先被磨损破坏；接触应力的平均值及标准差较小，则反映出接触表面受力小且均匀，因此认为凹坑的存在有效改善了表面接触的受力条件，进而改善了表面耐磨性。

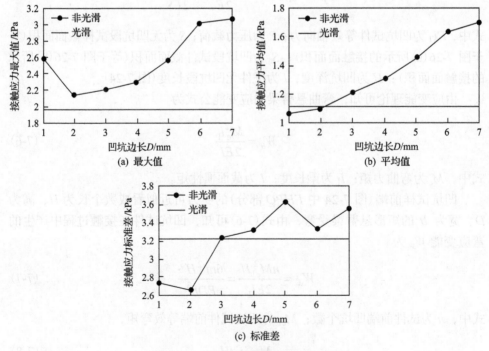

图 7-27　接触应力随凹坑边长的变化

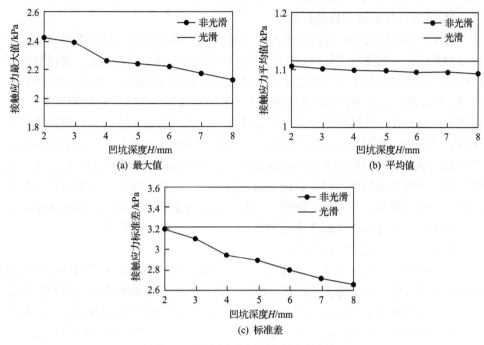

图 7-28　接触应力随凹坑深度的变化

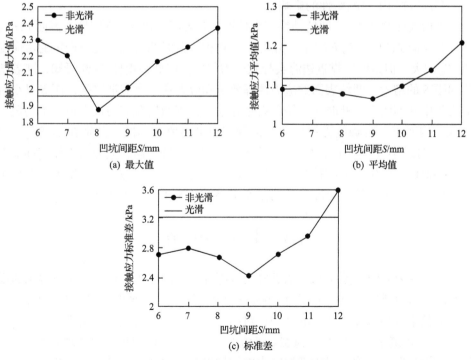

图 7-29　接触应力随凹坑间距的变化

(1)凹坑边长对耐磨性的影响。

若增大凹坑边长 D，则凹坑表面的接触面积 S_a 就会变小，由式(7-5)可知，凹坑结构变形产生的压应变能 W_y 增大，凹坑表面的应力缓释效应增强，但接触面积 S_a 减小，凹坑表面的承载面积减小，会导致凹坑表面应力增大。因此，如图 7-27 所示，增大凹坑边长 D，凹坑表面的应力缓释效应和应力增大效应都得到了提升，但当 $D<2mm$ 时，接触面积 S_a 变小的速度变慢，凹坑表面的应力缓释效应开始逐渐占主导地位，此时凹坑表面接触应力最大值和标准差先减小，并在 $D=2mm$ 时达到最小值，而接触应力平均值逐渐增大；当 $D>2mm$ 时，接触面积 S_a 减小的速度较快，凹坑表面的应力增大效应开始逐渐占主导地位，此时凹坑表面接触应力最大值、平均值和标准差均逐渐增大，凹坑试件接触应力平均值在 $D=3mm$ 时大于光滑试件，凹坑试件接触应力标准差在 $D=3mm$ 时大于光滑试件。

(2)凹坑深度对耐磨性的影响。

增加凹坑深度 H，由式(7-5)和式(7-7)可知，压应变能 W_y 和弯应变能 W_w 都随着凹坑结构的变形而增大。因此，由图 7-28 可知，尽管凹坑表面的接触应力最大值大于光滑表面的接触应力最大值，但由于凹坑结构的应力缓释作用，凹坑表面的接触应力平均值和接触应力标准差均小于光滑表面。随着凹坑深度 H 的增加，凹坑表面的应力缓释能力增强，接触应力最大值、平均值和标准差均逐渐减小。

(3)凹坑间距对耐磨性的影响。

若增大凹坑间距 S，凹坑结构就会接近接触表面的边缘，则凹坑右侧面 FH 与试件右侧面 PQ 的距离 b 减小，由式(7-7)可得，此时凹坑结构变形产生的弯应变能 W_w 增大，但是凹坑靠近边缘会导致应力集中。因此，由图 7-29 可知，随着凹坑间距 S 的增大，凹坑表面的应力缓释效应和应力集中效应都增强，而 S 过小时应力集中并不明显，此时应力缓释占主导地位，表面接触应力最大值、平均值及标准差均变小。接触应力最大值及接触应力平均值和标准差分别在 $S=8mm$ 及 $S=9mm$ 时最小且均小于光滑试样；当 S 过大时，凹坑表面的应力集中效应逐渐占据主导地位，凹坑表面的接触应力最大值、平均值和标准差均逐渐增大，凹坑试件的接触应力平均值及标准差分别在 $S=11mm$ 及 $S=12mm$ 时大于光滑试样。

7.3　本章小结

本章主要介绍了重型刮板输送机关键部件的结构优化，包括采用过渡圆弧设计来减小过渡槽转折点处的压力，从而减小磨损；设计合理的链轮链窝齿廓曲面，并建立数学模型来优化链轮的结构；对圆环链运行过程的包络曲面进行分析，并建立了链轮-链条分析的数学模型。将仿生学引入中部槽中板的设计理念中，在中板表面设计凹坑结构来对中部槽的表面结构进行优化并提升其磨损性能，以凹坑直径、凹坑深度、凹坑横向间距和纵向间距四个因素设计了 $L_9(3^4)$ 9 组正交试验。以中部槽中板的等效应力和表面的接触应力为指标，经过仿真及数据分析对比，得到了 5 组优选组合。采用矩形块摩擦接触模型进一步对凹坑参数对非光滑表面耐磨性的影响规律进行了探究，主要结论包括：

(1)在刮板和中部槽中板摩擦接触的过程中，刮板两侧和紧固螺栓两端接触处的等效应力和接触应力都比较大，并且伴随有明显的应力集中现象。

(2)中板仿生凹坑的设计具有应力缓释效应，可有效减小表面接触时的等效应力最大值、平均值及标准差，仿生凹坑设计对于改进中板表面的受力、减小疲劳磨损及提高使用寿命等具有一定的优势。

(3)仿生凹坑设计可以提高中部槽表面的耐磨性,归因于凹坑边缘的加工硬化作用以及凹坑的力矩效应将磨屑的滑移变为滚动而减小划伤。

(4)通过对凹坑结构参数的研究分析表明，影响中板等效应力最大值的主次因素顺序为凹坑直径 A>凹坑深度 B>凹坑纵向间距 D>凹坑横向间距 C；影响等效应力平均值及标准差的主次因素顺序为凹坑深度 B>凹坑直径 A>凹坑纵向间距 D>凹坑横向间距 C；影响中板表面接触应力最大值的主次因素顺序为凹坑直径 A>凹坑横向间距 C>凹坑深度 B>凹坑纵向间距 D；影响中板表面接触应力平均值和标准差的主次因素顺序为凹坑横向间距 C>凹坑纵向间距 D>凹坑深度 B>凹坑直径 A。中板等效应力最大值为最小时的最优结果组合为 $A_1B_1C_2D_2$，中板等效应力平均值和标准差最小时的最优结果组合为 $A_1B_3C_1D_1$，中板表面接触应力最大值为最小时的最优结果组合为 $A_1B_2C_2D_3$，中板表面接触应力平均值最小时的最优结果组合为 $A_3B_1C_2D_1$，中板表面接触应力标准差最小时的最优结果组合为 $A_1B_1C_2D_1$。

(5)通过研究凹坑结构对耐磨性的影响表明，凹坑易变性可产生更多的压应变能及弯应变能，起到应力缓释的效果，从而耐磨性有所提高；另外，随着凹坑边长及间距的增大，耐磨性呈现先增大后减小的规律，随着凹坑深度的增加耐磨性逐渐增大。

第8章 结论与展望

8.1 结　论

通过以重型刮板输送机为例所做的研究，获得的主要结论如下：

(1)对刮板输送机关键零部件进行静力学分析，结果表明，链轮受力齿廓一侧的齿根应力和应变都比较大，这主要是链环和链轮齿廓挤压所致；链环的最薄弱位置是平环与靠近紧边的立环的接触区域；哑铃销手柄与哑铃球交界处圆角的应力最大；由于中部槽中间位置铰接耳的存在，中间受压相比于靠近一端受压的挠曲变形并不是最大的，但是两个值都在0.2~0.3mm。

(2)平稳输运状态下，煤散料的粒径分布情况基本与采高、给料速度、输运角度、输运速度等参数无关，均呈现出大块在上、小块在下的分布状态；煤散料在输运过程中呈现出中部槽中间部分颗粒速度大、两侧颗粒速度小的分布情况。

(3)中部槽内的煤散料颗粒可分为三个区域，Ⅰ区为落料区，此区域大部分颗粒垂直下落，速度垂直向下，部分颗粒下落到中部槽后会发生反弹，导致颗粒速度方向向上，进而造成颗粒碰撞激烈，运动情况最为复杂；Ⅱ区为加速区，此区域的颗粒在刮板链的带动下逐渐向前运动，速度的大小及方向朝着刮板链运动靠近；Ⅲ区为稳定区，此区域中大部分颗粒的速度大小已经稳定在刮板链速附近，且方向也趋于一致。

(4)通过EDEM与有限元软件ANSYS Workbench相耦合的方法研究了运输过程中中部槽的应力与变形特性。结果说明，链速以及煤颗粒与中部槽间的静摩擦系数对输运效率的影响比较明显，但煤散料粒度和铺设倾角对其影响较小；中部槽的磨损程度与链速和煤颗粒的大小成正比；在中部槽和煤散料直接接触以及受到冲击的部分，应力和变形都比较大，但其最大应力与中部槽材料的屈服强度相比相距甚远。

(5)对中部槽中板的磨料磨损试验研究表明，影响中部槽磨损的主要因素为含水率、含矸率及法向载荷，含水率、含矸率、散料粒度及法向载荷与磨损量成正比，而HGI及刮板链速与磨损量成反比。根据CCD试验结果，建立了显著性参数与磨损量之间的二次回归模型并对其进行优化，根据其方差分析可知，四个显著性参数的一次项(含水率、含矸率、磨损行程及法向载荷)、含水率与含矸率的交互项、含水率与磨损行程的交互项及含水率的二次项对中部槽磨损影响显著。通过响应面分析可知，煤散料含水率是影响磨损的关键性因素，在其与含矸率及磨损行程的交互作用中，磨损量变化更为显著。

(6)对中部槽的仿生凹坑设计研究表明,仿生凹坑设计可以提高中部槽表面的耐磨性,归因于凹坑边缘的加工硬化作用以及凹坑的力矩效应将磨屑的滑移变为滚动而减小划伤。通过对凹坑结构参数的研究分析表明,影响中板等效应力最大值的主次因素顺序为凹坑直径 A>凹坑深度 B>凹坑纵向间距 D>凹坑横向间距 C;影响等效应力平均值及标准差的主次因素顺序为凹坑深度 B>凹坑直径 A>凹坑纵向间距 D>凹坑横向间距 C;影响中板表面接触应力最大值的主次因素顺序为凹坑直径 A>凹坑横向间距 C>凹坑深度 B>凹坑纵向间距 D;影响中板表面接触应力平均值和标准差的主次因素顺序为凹坑横向间距 C>凹坑纵向间距 D>凹坑深度 B>凹坑直径 A。

8.2 创 新 性

本书创新性具体体现在以下方面:

(1)本书在重型刮板输送机刚散耦合系统的基础上,对刮板输送机在复杂工况下的工作过程进行了仿真分析,研究了平稳运行工况下煤散料的运动状态,包括煤炭颗粒粒径分布情况、速度分布情况以及速度变化情况等运动特性,以及在复杂工况下煤散料的运动形态。

(2)本书分析研究了刮板链的速度、煤颗粒和中部槽间的静摩擦系数、煤颗粒的粒度以及铺设倾角等因素对刮板输送机的输运效率的影响程度;分析整合了刮板输送机的输送速度以及颗粒间静摩擦系数对质量流率的影响程度。

(3)本书在重型刮板输送机刚散耦合系统的基础上,研究了中部槽的应力与变形特性,并研究了刮板输送机输运工况(包括上下山、链速、物料堆积等工况)、煤散料特性(含矸率、煤与中部槽间静摩擦系数)对中部槽磨损的影响。

(4)本书结合重型刮板输送机中部槽的磨损理论,介绍了影响中部槽中板磨损的因素,设计了中部槽磨料磨损试验(PB 因素筛选试验和 CCD 试验),确定了影响中板磨损的主要因素及主要因素与中板磨损之间的精确关系。

(5)本书根据仿生非光滑耐磨理论,设计研究了仿生耐磨中部槽。通过在中板上增加仿生凹坑,研究凹坑结构参数的最优组合形式,揭示其耐磨机理,为延长中部槽寿命开辟了新途径。

8.3 研 究 展 望

本书对完善现有研究以及研究成果的推广及应用有如下展望:

(1)运用 EDEM 软件中的应用程序接口(application programming interface, API),编写相关的程序插件,进而实现需要的颗粒模型生成方式等功能,进一步完善本书所研究的煤颗粒模型和落煤方式，构建与实际情况更为一致的离散元模型，从而使仿真结果更加具有说服力。

(2)在传动系统样机的仿真过程中，运动驱动与接触载荷应尽量与真实情况保持一致，还需要进一步进行数据收集与载荷测量。对于各机械构件的静力学与振动问题求解，还要考虑更多的因素，最好能够在试验的基础上，建立一个以试验仿真为参照的刮板输送机传动系统的力学参数数据库。

(3)本书在探究刮板输送机输送煤散料的磨损情况时，受限于分析软件功能，仅对煤散料对中部槽的磨损进行了研究，还无法兼顾到刮板链与中部槽之间的磨损。虽然有学者对刮板链与中部槽之间的磨损进行了相关探索，然而并不深入和完善，因此今后将尝试将两种磨损工况相结合，以进一步丰富及深入研究中部槽磨损理论。

(4)考虑到有限元仿真技术的不足，在对中部槽仿生凹坑进行分析时，凹坑形貌收集磨屑、凹坑边缘加工硬化，以及煤粉润滑作用在仿真分析中都无法展现，在今后的研究中希望通过磨料磨损试验和现场工业性试验进一步探索。

(5)本书可为其他散料搬运刚散耦合系统提供研究方法和思路，具有广阔的应用前景。

参 考 文 献

[1] 刘训涛, 曹贺, 陈国晶. 煤矿提升运输机械[M]. 哈尔滨: 哈尔滨工程大学出版社, 2013.

[2] 姜翎燕. 工作面刮板输送机技术现状与发展趋势[J]. 煤炭科学技术, 2007, (8): 102-106.

[3] Tamáskovics N, Meinig H J. Dynamic excitation of transported materials on belt conveyors[J]. World of Mining, 2004, 4: 105-114.

[4] 朱华, 吴兆宏, 李刚, 等. 煤矿机械磨损失效研究[J]. 煤炭学报, 2006, 31(3): 380-385.

[5] 张智喆, 王世博, 张博渊, 等. 基于采煤机运动轨迹的刮板输送机布置形态检测研究[J]. 煤炭学报, 2015, 40(11): 2514-2521.

[6] 郄彦辉, 刘品强, 刘波, 等. 刮板输送机弯曲平移时运动及载荷应力分析[J]. 煤矿机械, 2009, 30(6): 93-95.

[7] Katterfeld A, Gröger T. Application of the discrete element method—Part 4: Bucket elevators and scraper conveyors[J]. Design and Engineering, 2007, 27(4): 228-234.

[8] 杨茗予. 刮板输送机中部槽内散体负载动态特性研究[D]. 太原: 太原理工大学, 2017.

[9] Qiu X J, Kruse D. Analysis of flow of ore materials in a conveyor transfer chute using discrete element method[C]. Mechanics of Deformation an Flow of Particulate Materials, Evanston, 1997.

[10] Simsek E, Wirtz S, Scherer V, et al. An experimental and numerical study of transversal dispersion of granular material on a vibrating conveyor[J]. Particulate Science and Technology, 2008, 26(2): 177-196.

[11] Hastie D B, Wypych P W. Experimental validation of particle flow through conveyor transfer hoods via continuum and discrete element methods[J]. Mechanics of Materials, 2010, 42(4): 383-394.

[12] 朴香兰, 王国强, 张占强, 等. 水平转弯颗粒流的离散元模拟[J]. 吉林大学学报(工学版), 2010, 40(1): 98-102.

[13] 马茂平, 刘英林. 掘进机输送刮板载荷的模拟研究[J]. 煤矿机械, 2013, 34(11): 66-68.

[14] Mei L, Hu J Q, Li Y Z, et al. Research on modeling and simulation of the trafficability of vertical screw conveyors intermediate support based on EDEM[J]. Applied Mechanics and Materials, 2014, 456: 303-309.

[15] 徐广明, 毛君. 刮板输送机链条张力分析与计算研究[J]. 煤矿机械, 2007, 28(7): 1-2.

[16] 毛君, 师建国, 张东升, 等. 重型刮板输送机动力建模与仿真[J]. 煤炭学报, 2008, 33(1): 103-106.

[17] 陈新中, 孟云, 刘冬余, 等. 煤矿刮板输送机中部槽强度有限元分析[J]. 煤矿机械, 2012, 33(7): 110-112.

[18] 谢苗, 毛君, 许文馨. 重型刮板输送机故障载荷工况与结构载荷工况的动力学仿真研究[J]. 中国机械工程, 2012, 23(10): 1200-1204.

[19] Zhang C Z, Meng G Y. Dynamic modeling of scraper conveyor sprocket transmission system and simulation analysis[C]. International Conference on Mechatronics and Automation, Beijing, 2011.

[20] 尹强. 虚拟样机技术工程应用研究[D]. 烟台: 烟台大学, 2016.

[21] 徐衍振, 杨兆建, 王淑平, 等. 刮板输送机圆环链的包络曲面方程[J]. 机械工程与自动化, 2010, (5): 68-69, 73.

[22] 杨芝苗. 矿用高强度圆环链冲击性能分析[D]. 西安: 西安科技大学, 2009.

[23] 刘莲. 卡链状态下矿用圆环链抗冲击影响因素分析[D]. 西安: 西安科技大学, 2011.

[24] 龚晓燕, 施晓俊, 薛河. 刮板输送机卡链状态下圆环链动力学分析[J]. 起重运输机械, 2006, (8): 60-63.

[25] 杨兆建, 焦宏章, 王义亮. 刮板输送机链轮与链环啮合动力学分析[C]. 第八届中国 CAE 工程分析技术年会暨 2012 全国计算机辅助工程 (CAE) 技术与应用高级研讨会, 成都, 2012.

[26] 焦宏章, 杨兆建, 王学文, 等. 刮板输送机链轮瞬态动力学响应分析[J]. 太原理工大学学报, 2013, 44 (1): 51-54.

[27] 王淑平, 杨兆建, 王学文. 刮板输送机驱动链轮磨损与啮合力学行为[J]. 煤炭学报, 2014, 39 (1): 166-171.

[28] 金毓州, 王润之. 煤矿输送机中部槽磨损机理及强化工艺方法的分析[J]. 煤矿机械, 1983, (5): 31-36.

[29] 邵荷生, 陈华辉. 煤的磨料磨损特性研究[J]. 煤炭学报, 1983, (4): 12-18, 97-100.

[30] 张长军, 陈志军. 煤矿机械的磨料磨损与抗磨材料[J]. 中国煤炭, 1995 (4): 16-19.

[31] 唐果宁, 李颂文. 刮板输送机中部槽链道磨损分析及复合渗硼试验研究[J]. 矿山机械, 1998, (12): 53-54.

[32] 赵运才, 庞佑霞. 刮板输送机中部槽磨损与磨蚀问题探讨[J]. 矿山机械, 2000, 28 (5): 55-56.

[33] 赵运才, 李伟, 张正旺. 中部槽磨损失效的摩擦学系统分析[J]. 煤矿机械, 2007, 28 (8): 57-58.

[34] 张维果, 王学成. 浅谈煤矿机械磨料磨损机理[J]. 煤炭工程, 2010, (6): 76-78.

[35] 吴兆宏, 朱华, 王勇华, 等. 刮板输送机磨损失效及对策[J]. 煤矿机械, 2005, (7): 58-59.

[36] Krawczyk J, Pawlowski B. The analysis of the tribological properties of the armoured face conveyor chain race[J]. Archives of Mining Sciences, 2013, 58 (4): 1251-1262.

[37] 葛世荣, 王军祥, 王庆良, 等. 刮板输送机中锰钢中部槽的自强化抗磨机理及应用[J]. 煤炭学报, 2016, 41 (9): 2373-2379.

[38] 梁绍伟, 李军霞, 李玉龙. 不同煤料对中部槽摩擦特性影响的实验研究[J]. 科学技术与工程, 2016, 16 (22): 174-178.

[39] 王志娜. 刮板输送机中部槽耐磨技术[J]. 煤矿机械, 2017, 38 (4): 101-103.

[40] Khoei A R, Lewis R W. Finite element simulation for dynamic large elastoplastic deformation in

metal powder forming[J]. Finite Elements in Analysis and Design, 1998, 30(4): 335-352.

[41] Terriault P, Viens F, Brailovski V. Non-isothermal finite element modeling of a shape memory alloy actuator using ANSYS[J]. Computational Materials Science, 2006, 36(4): 397-410.

[42] 李惟慷. 矿用圆环链传动接触动力学及损伤机理的研究[D]. 阜新: 辽宁工程技术大学, 2012.

[43] 武红霞, 严应超. 基于虚拟现实的刮板输送机模拟研究[J]. 起重运输机械, 2005, (8): 35-36.

[44] 闫希春, 杨广衍, 周丽, 等. 刮板输送机链轮有限元分析及优化[J]. 机械设计与制造, 2011, (3): 21-22.

[45] 郭坤, 孙远涛, 段诚, 等. 基于有限元法的刮板输送机圆环链接触强度分析[J]. 矿山机械, 2011, 39(1): 22-27.

[46] 于林. 矿用重型刮板输送机断链故障监测传感器研究[J]. 煤炭学报, 2011, 36(11): 1934-1937.

[47] 黄应勇, 曾林. 刮板输送机链轮磨损分析[J]. 煤矿机械, 2012, 33(7): 119-120.

[48] 任中全, 陈继龙. 基于 ANSYS 的刮板输送机齿轨有限元分析[J]. 煤矿机械, 2013, 34(3): 99-100.

[49] 刘成峰, 刘新华. 液压支架双耳联接头结构优化设计[J]. 煤矿机械, 2014, 35(8): 175-177.

[50] 丁飞, 宫杰, 付云飞. 矿用锻造立环的动力学特性[J]. 辽宁工程技术大学学报(自然科学版), 2014, 33(11): 1545-1550.

[51] 管长焦. 卡链工况下刮板输送机圆环链张力分析[J]. 起重运输机械, 2014, (5): 81-83.

[52] 纪少云. 刮板输送机轨座受力分析与优化设计[J]. 煤矿机械, 2015, 36(10): 271-272.

[53] 曾庆良, 王刚, 江守波. 刮板输送机链传动系统动力学分析[J]. 煤炭科学技术, 2017, 45(5): 34-40.

[54] 张可, 杨世文, 高慧峰, 等. 矿用刮板输送机圆环链损伤分析及寿命预测[J]. 工矿自动化, 2017, 43(7): 53-57.

[55] 余龙, 秦东晨, 武红霞, 等. 基于 Pro/E 和 ADAMS 的液压支架虚拟样机建模与仿真研究[J]. 煤矿机械, 2009, 30(11): 36-38.

[56] 余新康, 王健. 基于 ADAMS 的液压系统虚拟样机[J]. 工程机械, 2003, (11): 42-45, 86.

[57] 刘广鹏, 王学文, 杨兆建, 等. 刮板输送机链传动系统动力学特性分析[J]. 机械传动, 2014, 38(7): 115-118.

[58] 马国清, 任桂周, 汤易. 刮板输送机链传动系统刚-柔混合动力学仿真研究[J]. 河北工业大学学报, 2015, 44(1): 73-77.

[59] Curry D R, Deng Y. Optimizing heavy equipment for handling bulk materials with ADAMS-EDEM co-simulation[C]. International Conference on Discrete Element Methods, Dalian, 2016.

[60] 曹春雨, 屈中华, 王辉. 基于 ADAMS 的刮板输送机单油缸伸缩机尾仿真与分析[J]. 煤矿机

械, 2016, 37(12): 171-173.

[61] 成凤凤, 杨兆建, 王淑平, 等. 采煤机牵引轮与刮板输送机销轨的啮合仿真[J]. 煤矿机械, 2013, 34(7): 55-57.

[62] 张行, 卢正点, 卢明立, 等. 刮板输送机哑铃销动态特性分析[J]. 煤矿机械, 2016, 37(10): 41-43.

[63] 常晨雨. 基于 ADAMS 刮板输送机链传动动力学研究分析[D]. 太原: 太原科技大学, 2017.

[64] 毛君, 董先瑞, 白雅静, 等. 刮板输送机链轮链条啮合特性分析[J]. 机械强度, 2017, 39(2): 341-346.

[65] 谢苗, 闫江龙, 毛君, 等. 卡链工况下刮板输送机链轮链条啮合特性分析[J]. 机械强度, 2017, 39(3): 635-641.

[66] 刘义, 徐恺. RecurDyn 多体动力学仿真基础应用与提高[M]. 北京: 电子工业出版社, 2013.

[67] 郭卫, 陈吉祥, 王渊, 等. 基于 RecurDyn 的圆环链传动系统仿真[J]. 煤炭技术, 2017, 36(2): 219-221.

[68] 郝驰宇, 闫鹏程, 孙华刚, 等. 基于 RecurDyn 的链传动动力学故障仿真分析[J]. 机械传动, 2014, 38(10): 173-176.

[69] 陶东波, 何超, 樊新波, 等. 基于 RecurDyn 的链传动动态特性模拟研究[J]. 机械强度, 2017, 39(4): 986-990.

[70] 师建国, 毛君, 刘克铭. 大型带式输送机动力建模与仿真[J]. 煤矿机械, 2009, 30(5): 54-56.

[71] 何柏岩, 孙阳辉, 聂锐, 等. 矿用刮板输送机圆环链传动系统动力学行为研究[J]. 机械工程学报, 2012, 48(17): 50-56.

[72] 张庚云, 刘伟, 王腾. 大功率刮板输送机软启动过程仿真研究[J]. 煤炭科学技术, 2013, 41(4): 71-74.

[73] 李国平, 贾东升, 聂锐. 综采工作面刮板输送机动力学设计方法研究[J]. 煤矿机械, 2015, 36(6): 76-79.

[74] 张东升, 毛君, 刘占胜. 刮板输送机启动及制动动力学特性仿真与实验研究[J]. 煤炭学报, 2016, 41(2): 513-521.

[75] 朱东岳, 孙建平, 陈炳耀. 离散化分析不同运行状态下刮板输送机链轮传动系统动力学[J]. 科学技术与工程, 2017, 17(33): 242-247.

[76] Cundall P A. A computer model for simulating progressive large scale movements in blocky systems[C]. Proceedings of the Symposium of the International Society of Rock Mechanics, Nancy, 1971.

[77] 王国强, 郝万军, 王继新. 离散单元法及其在 EDEM 上的实践[M]. 西安: 西北工业大学出版社, 2010.

[78] Cundall P A, Strack O D L. BALL—A Program to Model Granular Media Using the Distinct Element Method[M]. London: Dames and Moore Advanced Technology Group, 1978.

[79] Cundall P A, Strack O D L. The distinct element method as a tool for research in granular material[R]. Minneapolis: Department of Civil and Mineral Engineering, University of Minnesota, 1978.

[80] Cundall P A, Strack O D L. Discrete numerical model for granular assemblies[J]. Géotechnique, 1979, 29(1): 47-65.

[81] 徐泳, 孙其诚, 张凌, 等. 颗粒离散元法研究进展[J]. 力学进展, 2003, (2): 251-260.

[82] Higashitani K, Iimura K. Two-dimensional simulation of the breakup process of aggregates in shear and elongational flows[J]. Journal of Colloid and Interface Science, 1998, 204(2): 320-327.

[83] Sawamoto Y, Tsubota H, Kasai Y, et al. Analytical studies on local damage to reinforced concrete structures under impact loading by discrete element method[J]. Nuclear Engineering and Design, 1998, 179(2): 157-177.

[84] 王泳嘉. 离散单元法—— 一种适用于节理岩石力学分析的数值方法[C]. 第一届全国岩石力学数值计算及模型试验讨论会, 吉安, 1986.

[85] Zuo S C, Xu Y, Yang Q W, et al. Discrete element simulation of the behavior of bulk granular material during truck braking[J]. Engineering Computations, 2006, 23(1): 4-15.

[86] Lim E W C, Wang C H, Yu A B. Discrete element simulation for pneumatic conveying of granular material[J]. AIChE Journal, 2010, 52(2): 496-509.

[87] 宋伟刚, 王天夫. 散状物料转载系统设计 DEM 仿真方法的研究[J]. 工程设计学报, 2011, 18(6): 428-436, 456.

[88] 王天夫. 参数化散料转载系统计算机仿真研究[D]. 沈阳: 东北大学, 2011.

[89] 朴香兰, 郭跃. 离散元模拟技术在带式输送机中的应用[J]. 煤炭科学技术, 2012, 40(3): 87-90.

[90] 程敬爱, 孟文俊, 张启胤. 散体在垂直螺旋输送机内流动性研究[J]. 机械工程与自动化, 2012, (6): 1-3.

[91] 李帅, 李晔, 马履翱, 等. 基于 EDEM 对圆形导料溜槽的仿真分析[J]. 煤矿机械, 2012, 33(6): 71-73.

[92] Derakhshani S M, Schott D, Lodewijks G. Modeling dust liberation at the belt conveyor transfer point with CFD and DEM coupling method[C]. The 11th International Conference on Bulk Materials Storage, Handling and Transportation, Newcastle, 2013.

[93] 王自韧, 洪斌, 李世民. 3-DEM 转运点技术在散货卸船系统中的应用[J]. 起重运输机械, 2013, (10): 92-95.

[94] 周文君, 卫红波. 基于EDEM的带式输送机输送过程仿真及分析[J]. 煤矿机械, 2013, 34(5): 89-91.

[95] 陈洪亮, 熊爽. 圆管带式输送机压陷阻力的计算方法[J]. 矿山机械, 2013, 41(8): 56-60.

[96] 蒋权, 李小博, 孟文俊. 基于 EDEM 的转运站落料管转运物料的离散元分析[J]. 矿山机械, 2014, 42(4): 51-55.

[97] 翟晓晨, 孟文俊, 张晓寒. 基于 DEM 的散料在垂直螺旋输送机中的运动分析[J]. 起重运输机械, 2014,(3): 49-52.

[98] 张西良, 马奎, 王辉, 等. 颗粒尺寸对螺旋加料机定量加料性能的影响[J]. 农业工程学报, 2014, 30(5), 19-27.

[99] 范召, 胡国明, 方自强, 等. 平螺旋输送机性能的离散元法仿真分析[J]. 煤矿工程, 2014, 35(11): 89-91.

[100] 赵占一, 孟文俊, 孙晓霞, 等. 垂直螺旋输送机中颗粒速度的分布[J]. 过程工程学报, 2015, 15(6): 909-915.

[101] 刘伟立, 卫红波. 基于 EDEM 软件的螺旋输送机仿真及分析[J]. 机械工程师, 2015,(10): 121-123.

[102] 吴超, 胡志超, 吴努. 基于离散单元法的螺旋输送机数值模拟与分析[J]. 农机化研究, 2015, 2: 57-61, 70.

[103] 王琳. 刮板输送机的优化设计[J]. 煤矿机械, 2007,(10): 19-21.

[104] 穆润青, 贾海朋, 刘波, 等. 刮板输送机输煤槽拉移耳形状优化[J]. 煤矿机械, 2009, 30(1): 5-7.

[105] 李惟慷, 毛君, 李建刚, 等. 刮板输送机刮板间距的优化[J]. 辽宁工程技术大学学报(自然科学版), 2008, 27(6): 912-914.

[106] 孙艳. 关于刮板输送机参数化设计的研究[J]. 机械管理开发, 2012,(3): 37-38, 41.

[107] 夏蓉花. 边双链刮板输送机跳链故障分析及结构优化[J]. 煤矿机械, 2014, 35(8): 271-272.

[108] 薄兴驰, 李祥松. 刮板输送机哑铃销加载试验研究[J]. 煤矿机械, 2015, 36(12): 93-94.

[109] 高爱红. 刮板输送机链传动动力学分析[J]. 煤炭技术, 2016, 35(7): 260-262.

[110] 刘保东. 基于 Pro/Engineer 刮板输送机刮板的优化设计[J]. 矿山机械, 2017, 45(3): 30-34.

[111] 于聚旺. 综采工作面刮板输送机优化设计关键技术研究[J]. 中国煤炭, 2017, 43(9): 73-78.

[112] 闵令江, 刘航, 王金辉. 侧卸式刮板输送机过渡槽的设计[J]. 煤矿机械, 2017, 38(9): 96-97.

[113] 赵运才, 李淑梅, 梁洁萍, 等. 中部槽磨损失效中的能量转化分析[J]. 湘潭矿业学院学报, 2000,(3): 37-40.

[114] 张小凤, 霍伟亚. 断续菱形花纹焊道工艺在刮板输送机中部槽耐磨修复中的应用[J]. 中国煤炭, 2013, 39(12): 81-83.

[115] 王志娜. 煤矿刮板输送机刮板链故障种类和维护[J]. 科技展望, 2016, 26(18): 59.

[116] 杨泽生, 林福严. 改进刮板与中部槽摩擦特性的试验研究[J]. 煤矿机械, 2010, 31(10): 35-36.

[117] 王新. 国产 GM 高强耐磨钢板在刮板输送机上的应用[J]. 煤矿机械, 2011, 32(1): 212-213.

[118] 乔燕芳, 杨超, 杨海利. 刮板输送机中板材料腐蚀磨损性能研究[J]. 煤矿机械, 2016, 37(1):

77-79.

[119] 应鹏展, 应放天. 刮板输送机中部槽耐磨焊条研究[J]. 煤矿机械, 2000, (11): 20-21.

[120] 李创基, 刘高社, 田振林, 等. 提高刮板输送机中部槽耐磨性的堆焊工艺[J]. 煤矿机电, 2005, (6): 82-83.

[121] 孙玉宗, 于洪爱, 李惠琪, 等. 刮板输送机中部槽等离子熔覆合金涂层技术[J]. 煤矿机械, 2007, (9): 112-113.

[122] 潘兴东, 杜学芸, 李圣文, 等. 中部槽激光熔覆层磨损性能的研究[J]. 煤矿机械, 2015, 36(6): 88-90.

[123] Bechert D W, Bruse M, Hage W, et al. Fluid mechanics of biological surfaces and surfaces and their technological application[J]. Naturwissenschaften, 2000, 87(4): 157-171.

[124] Varenberg M, Halperin G, Etsion I. Different aspects of the role of wear debris in fretting wear[J]. Wear, 2002, 252(11-12): 902-910.

[125] Basnyat P, Luster B, Muratore C, et al. Surface texturing for adaptive solid lubrication[J]. Surface and Coatings Technology, 2008, 203(1): 73-79.

[126] Voevodin A A, Zabinski J S. Laser surface texturing for adaptive solid lubrication[J]. Wear, 2006, 261(11): 1285-1292.

[127] Wang C, Zhou H, Zhang Z, et al. Mechanical property of a low carbon steel with biomimetic units in different shapes[J]. Optics and Laser Technology, 2013, 47(4): 114-120.

[128] Chen Z, Lu S, Song X, et al. Effects of bionic units on the fatigue wear of gray cast iron surface with different shapes and distributions[J]. Optics and Laser Technology, 2015, 66: 166-174.

[129] Gao K, Li M, Dong B, et al. Bionic coupling polycrystalline diamond composite bit[J]. Petroleum Exploration and Development, 2014, 41(4): 533-537.

[130] 钱志辉, 任露泉, 田丽梅, 等. 仿生耦合功能表面应力-应变本构关系[J]. 吉林大学学报(工学版), 2008, (5): 1105-1109.

[131] 孙睿珩, 徐涛, 左文杰, 等. 表面凹坑对活塞-缸套摩擦生热过程的影响[J]. 吉林大学学报(工学版), 2009, 39(5): 1234-1239.

[132] 孙友宏, 高科, 张丽君, 等. 耦合仿生孕镶金刚石钻头高效耐磨机理[J]. 吉林大学学报(地球科学版), 2012, 42(S3): 220-225.

[133] 董立春, 韩志武, 张雷, 等. 凹坑型仿生形态环块样件接触问题有限元数值模拟[J]. 吉林大学学报(工学版), 2013, 43(S1): 543-546.

[134] 周照领, 何瑛, 王胜伟, 等. 凹坑形貌对线接触摩擦副耐磨性的影响[J]. 湖南工业大学学报, 2014, 28(3): 24-29.

[135] 吴波, 丛茜, 孙天宇, 等. 基于贝壳表面形态的内燃机活塞仿生设计[J]. 哈尔滨工程大学学报, 2016, 37(2): 205-210.

[136] 李慕勤, 蔡丁森, 庄明辉, 等. 农机犁铧堆焊组织结构仿生设计与耐磨性[J]. 焊接,

2017, (5): 1-6, 68.

[137] 王毅恒. 具有有限弹性部件的机械结构动力学分析[D]. 哈尔滨: 哈尔滨工业大学, 2016.

[138] 吴爱祥, 孙业志, 刘湘平. 散体动力学理论及其应用[M]. 北京: 冶金工业出版社, 2002.

[139] 傅巍, 蔡九菊, 董辉, 等. 颗粒流数值模拟的现状[J]. 材料与冶金学报, 2004, (3): 172-175.

[140] 田莉, 刘玉, 王秉纲. 沥青混合料三维离散元模型及其重构技术[J]. 长安大学学报(自然科学版), 2007, 27(4): 23-27.

[141] 康晓敏. 对采煤机工作过程中摩擦现象的研究[D]. 阜新: 辽宁工程技术大学, 2002.

[142] 李炳文, 万丽荣, 柴光远. 矿山机械[M]. 徐州: 中国矿业大学出版社, 2010.

[143] 巴兴强. 基FVP技术的全路况林火巡护与扑救车辆动态性能研究[D]. 哈尔滨: 东北林业大学, 2009.

[144] 黄泽好. 摩托车人-机刚柔耦合系统动态特性研究[D]. 重庆: 重庆大学, 2007.

[145] 胡宗华. 基于 ADAMS 的起重机啃轨因素分析[D]. 镇江: 江苏科技大学, 2012.

[146] 许志洋. 基于虚拟样机的带式输送机的设计研究[D]. 淮南: 安徽理工大学, 2007.

[147] Matin S S, Hower J C, Farahzadi L. Explaining relationships among various coal analyses with coal grindability index by random forest[J]. International Journal of Mineral Processing, 2016, 155: 140-146.

[148] 全国煤炭标准化技术委员会. 煤的可磨性指数测定方法 哈德格罗夫法[S]. GB/T 2565—2014. 北京: 中国标准出版社, 2014.

[149] 张妮妮. 煤的可磨性指数变化及破碎机理研究[D]. 杭州: 浙江大学, 2006.

[150] 马峰, 陈华辉, 潘俊艳. 煤矿综采设备的腐蚀机理及其防腐蚀措施[J]. 煤矿机械, 2015, 36, 210-212.

[151] Abu Bakar M Z, Gertsch L S. Evaluation of saturation effects on drag pick cutting of a brittle sandstone from full scale linear cutting tests[J]. Tunnelling and Underground Space Technology, 2013, 34, 124-134.

[152] Abu Bakar M Z, Majeed Y, Rostam J. Effects of rock water content on Cerchar abrasivity index[J]. Wear, 2016, 368-369: 132-145.

[153] 全国煤炭标准化技术委员会. 煤的最高内在水分测定方法[S]. GB/T 4632—2008. 北京: 中国标准出版社, 2009.

[154] 吴剑光. 浅谈煤的最高内在水分测定的影响因素[J]. 科技创新导报, 2014, (16): 75.

[155] Perera M S A, Ranjith P G, Peter M. Effects of saturation medium and pressure on strength parameters of Latrobe Valley brown coal: Carbon dioxide, water and nitrogen saturations[J]. Energy, 2011, 36(12): 6941-6947.

[156] Pan Z, Connell L D, Camilleri M. Effects of matrix moisture on gas diffusion and flow in coal[J]. Fuel, 2010, 89(11): 3207-3217.

[157] 秦虎, 黄滚, 王维忠. 不同含水率煤岩受压变形破坏全过程声发射特征试验研究[J]. 岩石

力学与工程学报, 2012, 31(6): 1115-1120.

[158] 李静, 温鹏飞, 何振嘉. 煤矸石的危害性及综合利用的研究进展[J]. 煤矿机械, 2017, 38(11): 128-130.

[159] 郭晔. 煤矸石的治理综合利用分析[J]. 资源节约与环保, 2018, (12): 134.

[160] Li J P, Zheng K H, Du C L. The distribution discipline of impact crushed on coal and gangue[J]. Journal of China Coal Society, 2013, 38: 54-58.

[161] Li J P, Du C L, Bao J W. Direct-impact of sieving coal and gangue[J]. Mining Science and Technology, 2010, 20(4): 611-614.

[162] Yang D L, Li J P, Zheng K H. Impact-crush separation characteristics of coal and gangue[J]. International Journal of Coal Preparation and Utilization, 2016, 38(2): 127-134.

[163] Yarali O, Yasar E, Bacak G. A study of rock abrasivity and tool wear in coal measures rocks[J]. International Journal of Coal Geology, 2008, 74(1): 53-66.

[164] 曹燕杰, 屈中华, 王和伟. 刮板输送机链速对传动系统影响的分析[J]. 煤矿机械, 2013, 34(5): 113-114.

[165] 王沉, 李军霞, 王季鑫. 刮板输送机中部槽冲击特性研究[J]. 工矿自动化, 2019, 45(4): 19-23, 29.

[166] 蔡柳, 王学文, 李博, 等. 刮板输送机中部槽运输效率及其运输过程中的应力和变形分析[J]. 机械设计与制造, 2016, 310(12): 172-176.

[167] Bochet B. Nouvelles recherches experimentales sur le frottement de glissement[J]. Annales des Mines, 1981, 27.

[168] Link R E, Astakhov V P. An application of the random balance method in conjunction with the Plackett-Burman screening design in metal cutting tests[J]. Journal of Testing and Evaluation, 2004, 32(1): 32-39.

[169] Krishnan S, Prapulla S G, Rajalakshmi D. Screening and selection of media components for lactic acid production using Plackett-Burman design[J]. Bioprocess Engineering, 1998, 19: 61-65.

[170] Son K H, Hong S H, Kwon Y K, et al. Production of a Ras farnesyl protein transferase inhibitor from Bacillus licheniformis using Plackett-Burman design[J]. Biotechnology Letters, 1998, 20(2): 149-151.

[171] Bie X M, Lu Z X, Lu F X. Screening the main factors affecting extraction of the antimicrobial substance from bacillus sp. fmbJ using the Plackett-Burman method[J]. World Journal of Microbiology and Biotechnology, 2005, 21: 925-928.

[172] Umanath K, Palanikumar K, Selvamani S T. Analysis of dry sliding wear behaviour of Al6061/SiC/Al$_2$O$_3$ hybrid metal matrix composites[J]. Composites Part B: Engineering, 2013, 53, 159-168.

[173] Shi Z Y, Zhu Z C. Case study: Wear analysis of the middle plate of a heavy-load scraper conveyor chute under a range of operating conditions[J]. Wear, 2017, 380-381: 36-41.

[174] Sinha R, Mukhopadhyay A K. Influence of particle size and load on loss of material in manganese-steel material: An experimental investigation[J]. Archives of Metallurgy and Materials, 2018, 63: 359-364.

[175] Bridgeman T G, Jones J M, Williams A. An investigation of the grindability of two torrefied energy crops[J]. Fuel, 2010, 89(12): 3911-3918.

[176] 张永清, 陈强业. 含水量对磨料磨损的影响[J]. 上海交通大学学报, 1985, (2): 34-47.

[177] 李云雁, 胡传荣. 实验设计与数据处理[M]. 北京: 化学工业出版社, 2005.

[178] 许小侠. 基于逆向工程学的仿生非光滑齿轮表面耐磨性的研究[D]. 长春: 吉林大学, 2004.

[179] 张淑芬, 徐红玉, 梁斌. 材料力学[M]. 北京: 中国建筑工业出版社, 2014.

[180] Bhushan B. 摩擦学导论[M]. 葛世荣, 译. 北京: 机械工业出版社, 2007.